改变，从心开始

立 品 图 书·自觉·觉他
www.tobebooks.net
出 品

Free to Love, Free to Heal:

Heal Your Body by Healing Your Emotions

自由地爱，自由地疗愈

[美] 戴维·西蒙（David Simon） 著

王晓波 译

深圳报业集团出版社

SHENZHEN PRESS GROUP PUBLISHING HOUSE

责任编辑：陈曦
装帧设计：亿点印象

图书在版编目（CIP）数据

自由地爱，自由地疗愈 /（美）西蒙著；王晓波译
. -- 深圳：深圳报业集团出版社，2013.12
ISBN 978-7-80709-547-7

Ⅰ. ①自… Ⅱ. ①西… ②王… Ⅲ. ①情感－通俗读物 Ⅳ. ① B842.6-49

中国版本图书馆 CIP 数据核字（2013）第 238892 号

自由地爱，自由地疗愈

Ziyou De Ai Ziyou De Liaoyu

［美］戴维 · 西蒙 著
王晓波 译

深圳报业集团出版社出版发行
（518009　深圳市深南大道 6008 号）
三河市华晨印务有限公司印制　新华书店经销
2013 年 12 月第 1 版　2013 年 12 月第 1 次印刷
开本：787mm × 1092mm　1/16
印张：14.25　字数：123 千字
ISBN 978-7-80709-547-7　定价：35.00 元

致崇高的施爱者，

及其医治疾苦的本心。

致崇高的医治者，

及其广施博爱的本心。

致谢

谨向曾对本书的问世作出贡献的许许多多心怀大爱者致以无尽的感激之情，其中有：

我相知相恋的爱人帕姆，和我美丽的爱之镜鉴马克斯、莎拉、伊莎贝尔；

我最早的爱之导师，拥有美好心灵的李·雪利、迈伦、埃塞尔、萨拉、吉尔、霍华德；

对文字的明晰一丝不苟的凯拉·施廷内特，和做出宝贵润色的布鲁克斯·诺尔格伦；

为了使全球范围内的读者都能见到这本书而努力的琳恩·富兰克林和她出色的团队；

无私奉献的具有关爱、精力和创造力的乔普拉中心出版社的朋友们——戴维·格林斯潘、蒂法尼·默里、埃丽卡·德西蒙、蒂·泰勒、萨拉·哈维、阿莎·麦克艾萨克、维贾伊·辛格、查利·帕斯，和为我们优雅示范开心瑜伽的克莱尔·迪亚布；

为我们营造并维持所需的活动场地，使我们得以实践探索这些心灵疗愈法的阿曼达·林库尔、特里斯塔·索普、戴夫·古德利、贾妮斯·斯坦纳；

我亲爱的朋友和导师，使我对爱的眼界更为开阔的迪帕克·乔普拉、黛比·福特、马歇尔·罗森堡、罗伯特·约翰逊；

大度地准许我与读者分享他选译、演绎的哈菲兹等东方圣哲之言的诗人丹尼尔·拉金斯基；以及，用卓然的设计才华呈现这本书的卢博什·采赫。

前言

我仍清晰地记得，当年作为一名医科学生在芝加哥南区为人接生的情景。经过多个小时的强烈阵痛，终于迎来无比畅快和欣喜的珍贵时刻——新生儿来到母亲的怀抱，整个世界在那一瞬间为之肃然。无论降生前经历了怎样的动荡波折，新生命纯粹而美妙的潜力是显而易见的。正如诗人卡尔·桑德堡所说："婴孩的降生是上帝在表达生命该当延续的意旨。"

每一个生命都是圣洁的。你天真无邪地来到这个世界，毫不掩饰地期待着无条件的爱。也许要过几个月甚至多年，你才会冒出这样的念头：爱的权利并非生而具备，你必须下一番工夫才能得到。在母亲体内以人我一体的状态度过了九个月的孕育之后，你需要过些日子才能学着把自己当作单独的生命来看待。

但这只是迟早的问题。你学会了分别和取舍，把收到负面反馈的那部分自我隐藏起来，同时提炼出能带来正面反响的方面。你了解到自己的哪些行动会引来赞许，哪些会使你碰壁，怀着重获无条件之爱的希望——对那种爱的记忆藏在内心最深处，与生俱来——渐渐塑成了自己的人格。对于幸运者，重归于爱的道路不那么难走；但对许多人而言，这一路很是坎坷。家庭矛盾，手足之争，健康隐患，乔迁之乱，尴尬恋情，校园烦恼……让人怀疑自己不能无条件得到爱的情形太多了。

这种得不到爱的信念会带着各种各样的伪装出来作乱。它也许会表现为肥胖或厌食，抑郁或焦虑，过敏症或自免疫疾病。消化问题、慢性疼痛和疲劳都可能是潜在的“情感营养不良”的反映。

我写了《自由地爱，自由地疗愈》，希望能帮助你看清并摆脱重重障碍，把付出爱、收获爱的能力解放出来。这本书会告诉你如何认出内心的伤处，再敷上爱的灵药，从而促进情感与身体的痊愈。

我最近接诊了一位名叫伊丽莎白的女士，以她为例可以看出，人生故事是如何决定着我们的身心健康。她多年来郁郁寡欢，慢性疲劳和反复发作的偏头痛严重限制着她的活动。伊丽莎白背负着几段关于母亲（后被诊断为患有躁狂抑郁症）的痛苦记忆，其中一段是：母亲在盛怒之下对她说，她的出生纯属“意外”，是父母维系无爱婚姻的唯一原因。另一段记忆来自旁听：母亲与父亲大吵时，把女儿说成榨干自己生命的寄生虫。尽管父母冲突不断的婚姻维系至今，伊丽莎白仍觉得自己是害他们不幸福的元凶。更重要的是，她无法摆脱自己被厌恶、被轻贱的感觉。她早已把这些记忆和童年时的主观理解编织到自己的人生故事里面去，因此导致了经久不愈的健康问题，也摧垮了她爱与被爱的能力。

承认自己受到伤害、把痛苦和恐惧表达出来，的确是疗愈的基础；然而，人生苦短，不该由旧日受过的欺凌、损失、误解、歪曲和失望来决定我们前行的路线。我们生来具有创造性，有能力抒写不枉此生的爱的故事，不该错失品尝美好关系的机会。只要愿意把妨碍我们洞悉真性的束缚抛开，自可恢复爱之生灵的本来面目。为了这个目标，欢迎你踏上通向情感自由的旅程——这自由才是疗愈的真正核心所在。

目录

导论

病痛的本源，疗愈的真义

爱没有对立面。爱没有冲突。

——克里希那穆提

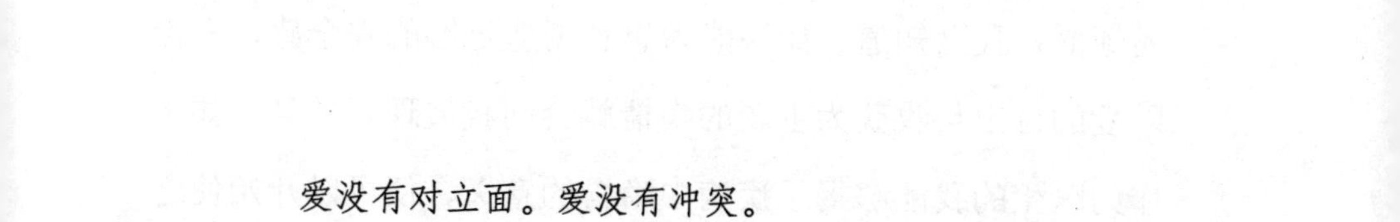

作为一名“身心科”医生，我听到过许多让人揪心的故事。我行医三十多年，渐渐明白要把偏头痛、萎靡不振、消化不良和腰酸背痛之类的症状视为“特需通行证”，它意味着患者需要医生多花点时间加以关照。经过多年来倾听别人讲述烦恼，我已知道，如果能为患者创造足够的安全感，一份以爱的付出与收获为主题的隐情就会向我展现。并且，如果作为医生的我能够揭示疾病中隐含的意义，便可以开始使之痊愈。

你大概猜得到，寻找患者病情的情感根源不是我从医学院学来的能力。正相反，我所接受的主流医学教育告诉我，医生的责任在于对付症状：给头疼的人开止痛片，胃灼热要用抗酸药，“选择性 5- 羟色胺再摄取抑制剂”能缓解抑郁。在当前的医疗体制中，有相当一部分患者的就诊时间被限制在十分钟以内，因而“头痛医头，脚痛医脚”的治疗是实际并且行之有效的办法。抗焦虑的药物虽不能触及你的病根，却能让你一天里过得不那么紧张。消炎药虽不能解决慢性疼痛的症结，却能让你在做家务的时候不至于举步维艰。如果你因为每天服止痛药而患上消化不良，一片强效抗酸药可以安抚你的胃。针对症状的治疗有着无可争辩的价值，而我对任何救人于疾苦的做法都绝无贬低之意。

不过，我早在进入医学院以前就感觉到，疾病其实为更深层次的疗愈和转变带来了机会，却被我们在一味对治症状的过程中错失。人体就像个小孩一样，只会通过相对简单直接的方式来表明自己的需要。不论身体想要的是营养、爱抚、新体验、休息还是排毒，都会产生相应的感受来寻求关照。当你倾听这些信号并解决对应的基本需求时，身体就发出舒适感来回应。如果你没能留意身体的讯息，它的呼声就会变大。如果身体用了最大努力都没有唤起你的注意，它也许会沉默一阵子，但下一次再发声时，就不是你能忽视的了的。

听听你的故事

大多数人生病的原因中都包含着一段隐情。在商人看来，他的心脏病是无休止的工作压力的结果，虽身心不堪重负，却无法在单位和家里得到体谅。对刚离婚不久的女人来说，她的肠道易激综合症是多年来压抑揪心的感觉、没勇气离开扭曲的婚姻，令痛苦长期累积所致。拥有酗酒父母的女儿会在成年后觉得，她的长期肥胖能帮助自己不去想童年所受的屈辱。

今日的医学喜欢把问题简化，拒绝承认这些关联。它会告诉你，心口的烧灼感不是源于工作压力，而是胃酸分子渗进食道里了；引起高血压的是循环系统中过量的血管紧张素，而不是磕磕绊绊的婚姻；你的失眠跟童年时父母在你上床后吵架没什么关系，却反映了抑制性神经递质GABA的缺乏；你的抑郁可以用缺少5-羟色胺来解释，所以没必要追究你的亲密关系是不是健康，或者你是否正在从事真正热爱的事业。虽然每一个病例的症状背后都有与爱之得失有关的隐情，但主流医学领域仍在忽视那些渴望被揭示的情感症结。

视人如物

我在医学院读书时，大部分时间都用在掌握今日医学对待身心疾患的思维方式上。生物学教材告诉我们，人不过是一堆生化物质的组合。如果你接受了这个基本假定，那么依照逻辑得出的结论就是：对绝大多数疾病最好使用药物治疗。

药物是有效的。通过用药，我可以（至少在一小段时间内）让你安眠，让你清醒，加快或减慢食物在你消化道中的移动，提高或降低你的血压，或者使你的疼痛麻木。当然，这种做法的负面效果在于，如果用药有效，你就不需审视自己的生活或者改变生活方式。然而病愈的钥匙，正藏在自我审视和有益的人生改变当中。

身体在试图告诉你什么

我们常常忽略身体发出的信号，直到吃了苦头。跟爱人吵架之后，你抓起几块上顿吃剩的辣肠比萨狼吞虎咽，然后上床。你睡了一个钟头就醒过来，胃里火辣辣的，但几片抗酸药一吃，消化不良的痛苦在 15 分钟内就被压了下去。你学到了什么？虽然你的身体（和内心）可能会希望你明白愤懑与消化不良之间的联系，但你得到的教训却只是——记得在上床之前吃药。

自 1928 年发现青霉素以来，传统医疗事业一直在立意崇高地寻找着针对每一种疾病的特效药。与癌症、关节炎、老年痴呆症等顽疾的战斗推动医学研究不断奋进，我们也确实见证了治病救人事业中的重大发展。不过，在当前社会面临的最普遍的健康难题上，我们至多只具备有限的解决能力。假如有药物能治好焦虑、酗酒、肥胖或肠道易激综合症，而没有严重副作用的话，那实在没什么理由不去服用它。可悲的是，以我们“水来土掩”式的医疗思路，迄今降服的病魔寥寥无几。大多数病情可以通过用药来减轻症状，却不能彻底治愈，而带来的副作用往往像病情本身一样麻烦和危险。

替代性疗法的局限

那么，有什么替代的办法吗？医疗领域的许多人对于“替代性”这个词仍带有强烈的抵触情绪。在使用常规对抗疗法的医生看来，它暗示着该方法的效果未获证实，令患者得不到有效的治疗。对于非主流的保健领域从业者来说，这个词意味着能解除痛苦的个性化疗法，有效果即可，即便从没受过严格的科学检验也不要紧。

我有不同的看法。虽说我拥护任何能缓解身心痛苦的办法，但对于把健康大事交付于医师（无论是医院大夫、捏脊推拿师还是草药师）之手的做法持警惕态度。如果有人通过接受针灸、顺势疗法或者营养调理，减轻了腹泻或头痛的问题，我也感到欣慰；然而，如果不在治病的同时认清并治愈潜藏的身心紊乱，如果藏在生理病变之下的人生问题得不到解决，我怀疑这康复未必能持久。如果人不懂得治疗更深层的伤痛，任其继续阻碍自己对爱的给予和接受，那么暗藏的症结还会以其他形式发作出来。

如果一名医生“修复”了患者的身体，却没有去了解其患病的来龙去脉，那么症状虽可减轻，致病的问题却依然存在，于是患者的精神、情感和身体依然难保健康。一位女性服药后，偏头痛减轻，失眠却加重。医生给腰酸背痛的律师开了止痛药，却令他的消化不良变本加厉。用药片强行压下一位全职妈妈的焦虑，却又使她的苦恼转移到大打折扣的精力上面。身体在试图对我们说话，但主流的医疗方式非但不听取这些讯息，还用药物来帮你打造更强的“耳塞”。

找出心中的症结

当然，在一些危急情况下，适当的医疗干预是必要且生死攸关的。如果你在车祸中手臂骨折，就需要一名好的整形外科医生；如果你染上了细菌性支气管炎，很可能要用抗生素；如果你突然心跳过速，那最好赶紧到最近的急诊室让心血管医生检查一下。

但即便是车祸、传染病、心率不齐，背后也几乎总是有一段与爱有关的隐情。也许你在电话里跟爱人吵架，闯了红灯，才酿成令你骨折的事故；也许你的支气管炎发作是由于你又偷偷开始抽烟，因为爱人最近跟你分手了；也许你的心悸是缘于过量的咖啡因，因为你彻夜难眠地苦思是否该把婚姻维持下去，起床后只得猛喝咖啡来消除困倦。情感的痛苦束缚着心，令我们生病。要找回真正的健康，必须先拥有爱的自由。

责任，而不是责怪

我们很难对身体或情感的病态做出简单的解释，而探询疾病更深层的隐情，并不意味着要在你身体不适或内心伤恸的时候兴师问罪。对于**人为什么生病**这个问题，只有当答案有助于改善我们的思想、情感和行为时，才具有探讨的价值。如果处于病痛中的人又陷入自责，认为生病是自找的，或者本可以自主避免的，无疑是雪上加霜。责任和责怪不是一回事，前者使人振奋，后者使人消沉。

我的一位好友最近发现，她好转几年的癌症又复发了。她见到我的第一个问题就是："我是怎么搞的，害得它复发？"我知道她对生活充满热情，对朋友和家人关爱有加，生活方式总体健康，因此并不赞同她对自己事业心太大、承揽太多项目的批判。即便她说的是实情（我并不这么认为），这种心态也没有好处，一点都起不到改善现状的作用。

责任的真义在于认识到不论之前发生过什么，我们都有能力重新做出有助于自身状况改观的选择。我们永远拥有层出不穷的**应对能力**，可以打开新的局面。

在乔普拉健康中心，我每周都能见到因巨大的人生困境而苦恼不已的客人。严重的身心问题的确很折磨人，但如果愿意去审视自身疾病背后的隐情（其实疾病归根结底就是源于内心不断复述纠缠的一段段隐情），通过一些功课来释放自己长久以来携带的情感"毒素"，并开始采用不同的思考和行为方式，那么，疗愈和转变自会发生。

我已帮助数千人踏上这条识别、释放不良感受和信念的疗愈之路。以个人和小组为单位的治疗我都指导过，因而很清楚在这条路上拥有伙伴的可贵。可是，即便结成小组，每个人所走的仍是自我发现之路，所以我相信你独自一人也能完成这个过程。若你能找到一位具有整体论人生观的出色咨询师或“人生教练”，当然有莫大的裨益，但与一位你信任的、情深义重的伴侣或朋友一起做这些功课，也可以获得类似的助力。

我会在这本书中提供安全可行的指导，降低独立操作的出错风险，尽可能让学习者获得最大的益处。当以前潜藏的有害信念和痛苦记忆上升到你的意识层面、准备释放出来的时候，你可能会感受到暂时的烦恼，但只要坚持下去，抵达疗愈的终点，你一定会体验到豁然开朗、如释重负的欣喜。现在让我们开始勾画通往自由的路线吧。

第一章 长大成人

是什么把我们的生命维系，是什么让我们禁得住岁月磨砺？

我想，是对爱或被爱的希望。

——迈斯特·艾克哈特

自由地爱，自由地疗愈

我经常向困扰于某个人生难题的病人提问："你有资格得到幸福吗？"回答往往底气不足。"我想说有，但我不太确定"这种话很常有。或者我会听到"我不记得有生以来任何人说过幸福是我的权利"。好吧，如果这话你以前没听过，现在听也不晚：**你有资格得到幸福！**

虽说只有相对寥寥的人会在长大的过程中被告知，幸福的增长就是人生的**目的所在**，但大多数人都能在灵魂某处感知到，更多的欢乐理应在人生的追求之列。那么，我们怎样从被束缚的状态转向日益自由、快乐的状态呢？走向真正觉醒的第一步，就是"发心"，要下定决心让自己的人生体现出幸福的权利。要认识到，你拥有改写人生"情节主线"的潜力，即使你从记事前就一直依从着同一份剧本；要认识到，你自己是唯一一个对你的幸福足够在意、愿意为之奋斗的人；要认识到，如果你不解开往事对你的牵绊，你的未来就会以重蹈覆辙的方式展开；你要从心底坚信，你有爱的能力，也有被爱的资格。

回顾一下我们长大的经历，会有助于达到上述的认识层次。我们每个人都拥有独特的故事，但一些普遍性的主题贯穿于所有的人生。让我们来探索一下人生的基本主题。一旦明白你如何成为了“今日的你”，便能更顺利地实现你理想中“明日的你”。

孕育：一生中最初的九个月

我还没遇见过一个人能记得自己转世的情景。这样的场景我倒是能想象出来：一个任意飘荡的灵魂望着一对欢好中的夫妇决定，“我要投胎到这个机能失常的家庭里去”；但在现实中，我认识的人里没有谁能够当真记得自己做过这个决定。

所以我们就莫名其妙地发现自己孕育在了一个子宫里面，处境完全依赖于母亲的选择。虽然我们可能是乘着双亲的心愿而来（可是有 50% 的受孕是计划外的），但怀孕无论对未来的爸爸还是妈妈来说，往往都不是一件轻松的事。

日常生活的压力影响到每一个人，再加上孕妇一刻不停地承受着激素波动，很可能在你从成为受精卵到出生的九个多月间，父母的生活并不总是诗情画意的。尽管我们倾向于把它想成很美丽的事，但实际上很少有人是在充满欢乐的氛围中孕育降生。

不过，由于大自然赐予小生命极高的优先权，通常胎儿的基本需求都可以即刻获得满足。在子宫里，一种生理需求在从萌生到满足之间没有延迟，发育中的宝宝不必忍受饥饿、疲倦、憋尿之类的苦楚。心理治疗师卡尔·荣格称之为“无意识的完美”状态，这在分娩之后可能还会持续几个月。

九个多月后，当寄居的宫室已承载不下我们的成长，我们便像遭逢大难一般被“驱逐”出来，幸好没人记得那感受。再过不久，我们就开始了创造人格的过程——成为一个人。

共生：自我的种子

假设母亲有较充裕的哺育时间，我们在人生最初几个月中对分离或“他人”就只有很模糊的概念。这个阶段称为“共生”，我们的存在感与母亲密不可分。如果她快乐安泰，我们也会一样，反之亦然。当她关怀备至、须臾不离的时候，让我们难受的饥饿感会神奇地引来一只乳房或奶瓶，苦顿时转为乐；我们的疲倦会带来一阵轻柔的摇动，直到我们睡着；我们释放出来膀胱中的压力，那讨厌的潮湿不一会儿就被除去了——妈妈换了尿布。

我们在这个阶段的自我感觉纯粹是基于本能的，其内涵不外乎身体的知觉和感受。只要基本需求得到满足，我们就感到安全和惬意。如果妈妈因事分心、不在身边或无法察觉我们的需求时，没有做错任何事的我们就会感到，对自己身份的核心认同感——包括爱之资格——遭到了质疑，我们也许就难于发展出对人生的“苦尽甘来”的信任。这些最早期的经历能影响到我们此生看待自己的方式，以及爱的能力。

自我形象：以大人为镜，照见自己

当我们抵达成长过程中的那些里程碑——比如学会坐、爬、走路和说话时，我们的养育者不断做出反馈。如果我们拥有慈爱的双亲，他们会用表扬和鼓励来强化每一次的成就，同时也设立适当的界线来确保我们平安。反复听到大人夸我们可爱、聪慧、能干、有天分，使我们得以发展出自我形象的轮廓。有了情感健康、慈爱、成熟的养育者，我们就能把从身边收到的赞许和欣赏纳入自我感觉。我们开始懂得，自己有得到爱的资格。

但是，如果我们的父母受制于自身的伤痛、烦恼或疲惫，没能用源源不断的正面反馈来滋养我们，他们的扭曲也会被我们吸收。无邪的我们不会明白：糟糕的自我感觉并非源于自身的缺点，而是我们所照的“镜子”（即养育者）有瑕疵。由于没有感受到自己可爱，并可以无条件得到爱，我们会误以为自己的存在是错误的或不被接受的。我们的自我形象——正面或是负面——就这样在亲子关系的映照下建立起来。

自我的扩展

自我形象健康的孩子拥有一份基本的安乐感。他们知道自己具有与生俱来的价值，并期待着世界对这价值的认可。他们一旦发展出这种自我价值感，就能够通过成就、功绩和良性的人际关系来逐步扩展自己的边界。若有通情达理的父母和师长引导，他们会在青少年阶段锤炼出健康的自我感觉。

如果没有这种核心价值感，孩子就会带着忐忑、忧虑和失落走向世界。如果养育者不能在这个关键阶段帮孩子造就健康的自我感觉，他们就很可能在接下来的阶段与世界格格不入。

试探边界

青少年期的主旨是对各种限制的试探——对子女、父母来说都是这样。虽说与同龄人以及权威角色之间的小小摩擦是可以预料的，并归根结底是健康的，但极少有人能安然度过这个阶段而不挂上几道感情的伤痕。人、我之间的差别变为隐患。“太（过于）”的概念在这个时期坚固地建立起来——

太胖/太瘦，太高/太矮，太机灵/太迟钝。同学、兄弟姐妹也许会指摘我们身上任何不同寻常的特点，因为其自身同样缺乏安全感，这只是转移注意力的一种手段。

若已成功度过了之前的几个发育阶段，大多数青少年都能走过这个试探边界期，收获一份自我价值感及种种个人能力和才华，并持续培养它们直至成人阶段。可是有些青少年会卡在这个阶段，个性中的某些本质特征并未发展出来。这些人也许会落下心志不坚、自尊脆弱的病根，令生活中一切方面的选择和经历都受到影响。

这些成长过程中的经历能持续影响一个人的个性和健康。例如，一个女孩较早进入了青春期，却没学到如何处理新增的外来关注，也许就会变得孤僻，失去自信。在派对上，她发现喝酒可以化解自己的羞怯，使她头一次享受到与人相处的乐趣。不幸的是，以酒会友成了习惯，一直带到成年以后。简而言之，内在的自我感觉会注入并影响到我们为自己创造的现实，以及我们付出和接受爱的能力。

理想父母的标准

对人类而言，生理上的繁殖能力来得很早，在情感上达到抚养子女的成熟度却要晚得多。（在美国）连钓鱼都需要办个执照，生育却不需要，这不是很讽刺吗？那么，就难怪有许多孩子是被尚未“出师”的双亲带大的了。考虑到很多母亲是意外受孕的（即便是主动选择要孩子的父母，也有许多在情感健康上不达标），必须承认，我们中有许多人年幼时没有得到足够好的抚养，内心的“父母篇章”需要重写。

在理想情况下，即将为人父母者要具备五个关键的情感特点；五项具足者，子女培养健康自我感觉的机会就大得多。通过探讨理想的父母品质，我们便可以开始在自己身上培养这些特征——这种培养针对的是如今已融入我们内心的内化的父母。**治愈我们的“内在父母”，能增强我们爱的能力和疗愈的机会。**

理想父母的五大特点是：

1）自知

2）拥有情感关怀的能力

3）健康的生活方式

4）有技巧、有意识的交流

5）恰当的界线管理

自知

自身尚有情感、心理问题未解决的父母，很难有能力支持孩子健康成长。而在理想的假设下，打算作父母的人会问自己，“我对自己的人生状态满意吗？我爱这样的自己吗？”如果回答并非一个诚实恳切的“是”，那么在接下为一个新生儿的健康成长和幸福负责的重担之前，他们要首先对自己下工夫，辨别、体察和释放那些堆积在心里、抑制爱的能力的情感残渣。

情感关怀能力

喂养和爱护是父母的基本职责。正如打算要孩子的人必须自问是否拥有满足孩子所需的经济实力，他们同时也该问如下问题："我有呵护他人的内在力量吗？"能觉察自己的感受，并与他人的感受共鸣，正是情感智商的核心所在。只有那些能够接纳一切人类情感，却又不致失去自我的人，才有资格担起给孩子幸福的重任。

健康生活

养育孩子是很耗费精力的。欲为人父母者必须能坚持健康的生活方式，否则将来一定会被应接不暇的哺育工作弄得精疲力尽。难以坚持健康的饮食、作息和定期健身的人，以及那些沉迷于某种癖好不能自律的人，其满足孩子身心需求的能力会受到局限，而且也不能为成长中的孩子作出像样的表率。

交流之道

人如果不能用有技巧的交流方式来表达自己的需求，那么需求得到满足的机会就会减少。大多数人都是通过观察父母从而学会沟通情感的方法，而父母在这方面又是从祖父母那辈人学来的。如果我们把这种模式追溯到亚当与夏娃的原初家庭，再看看他们的子女后来的遭际，就不得不接受一个事实：人类并非生来就是优秀的交流者！幸运的是，交流技巧是可以通过受教育和练习来提高的。

恰当的界线管理

成功的生活依赖于健康的界线感。不能指望年幼的子女自己懂得设定人我之间的界线，所以父母最重要的责任之一就是在养育中建立“保护”与“放手”的正确平衡。如果孩子在与他人身体、情感、性等方面的接触中受到恶劣侵犯，会带来贻害终身的恶果。

对孩子过于强调把持界线的父母也会有碍孩子的正常情感发育，尽管有时是无心之过。向孩子灌输对外界危险的极端恐惧，会压抑他们天生的好奇心与拓展自我的热情。父母要有高明的教导手段，才能帮助孩子适当把握与他人之间的界线。

过犹不及

我最近治疗了两位女性，从她们身上我们可以看到不成功的界线管理对人的影响。佩奇是家里六个孩子中的老五，在她印象中，父母疲于奔忙，极少给她什么指导。十几岁时她开始夜不归宿，也没怎么引起父母的注意。尽管她表现得越来越放纵——随随便便跟人上床，时常尝试毒品，考试勉强及格——所得到的也只是几次很不严重的惩罚。她的不自爱源于内化的信念：他们不关心我的情况，甚至懒得跟我说“不行”。

第二位女士乔安妮是独生女，父母晚婚。母亲拥有成功的职业生涯，直到四十多岁才怀上她。在长大的过程中，乔安妮几乎想不起有哪个决定是父母鼓励她自己做出的。母亲大包大揽地安排她的衣着、发型和课外活动。当遭到女儿的激烈反对时，母亲把乔安妮送入了她自己年少时就读的寄宿学校。如今的乔安妮严重缺乏自信，她的解释是：我从来没机会在自己犯下的错误中成长。

重新养育自己

把握界线的技巧是可以学到的，但必须先有正确的认识，再加上积极的练习。健康的人我界线一旦建立，既能保护我们免受伤害，又能给予我们从经历中获得滋养、拓展自我的机会。如果当年养育你的人缺乏这些核心能力——这样的长辈为数众多——你就很可能需要作一些情感疗愈的功课。这些年有许多广受欢迎的课程专门帮我们重新抚养自己的内在孩童，而以我的经验来看，治愈我们的“内在父母”也是同样重要的。毕竟我们要释放旧的情感残余，才能解开心的束缚，去自由地爱，自由地疗愈。

通往自由之路

想想你年幼时父母或其他养育者的能力构成，回顾五个核心方面（自知、情感关怀、健康生活、交流技巧、界线管理），给每一项打分，分数从0（很糟）到5（优秀）。然后给自己逐项打分，诚实地找出你认为需要提高的方面。

列出清单

情感疗愈的成果是幸福。在踏上任何旅途之前，都有必要认清你当下所处之地和你想要抵达之地，以便绘出通向目的地的最佳路线。下面的清单旨在帮你评估当前的状态。当你投入到打开心结、迎接新生活的努力中，你的分数以及你的幸福感都会得到提升。

请回答下面的问题，以认清你在人生的这个点上所处的情感状态。使用下述评分标准。

0= 几乎从不

1= 很少

2= 间或

3= 时常

4= 大部分时间

5= 几乎总是

1. 不论生活中发生什么，我知道我是个具有可爱品质的人。	
2. 即便在面对重大挑战的时候，我也相信我撑得住并将安然走过去。	
3. 我能作出健康的、反映我内在自我价值的选择，以此来丰富自己。	
4. 我能自在地独处而不感到孤独。	
5. 我有能力设定与他人相处时的健康界线。	
6. 我与父母、兄弟姐妹和其他亲人拥有融洽的关系。	
7. 我相信自己内心的声音，即便在别人尝试劝阻我时也不动摇。	
8. 我不因自己的身体形象而自卑。	
9. 我能承受他人的排斥，并不因此质疑自己的核心价值。	
10. 我了解并认可自己特有的才能，而且能自如地表露它们。	
11. 虽然有时候我也会感到焦虑或悲伤，但我知道这只是一时的情绪，终会消解。	
12. 我在最私密的关系中表露的是真实的自己；我不会人前一套、背后一套。	
13. 我能跟他人有效沟通自己的需求。	

14. 我对于自己目前的事业抱有激情和热诚。	
15. 我不会长久地怀有失望、悲痛或遗憾的心态。	
16. 我能觉察自己生理上的欲望和需求，并接受它们。	
17. 我接受亲昵或向他人表露亲昵都没有障碍。	
18. 我享受性爱，不会压抑自己。	
19. 我对他人的意见有所回应，有择善从之的开放心态，却不会不经考虑就接受他人的观点。	
20. 我在与他人的关系当中能真心信赖对方，自己的为人也值得信任。	
总分	

满分是100，如果得分在85以上，说明你拥有健康的自我形象，没有受到旧日情感残渣的严重拖累。如果你填的答案都是诚实的，那么你的自我价值感很高，在人我界线的把握上游刃有余，把自己照顾得很好。总体而言，你与他人的关系平和、亲善，能轻松感受到乐趣。

如果分数在65到85之间，通常意味着你的情感健康水平“普通”，你过得“还好”。你也许感到，过更精彩生活的可能性是存在的，然而眼下并没有很强的动力来促使你作出任何重大改变。不过，很可能随着时间推移，你容忍“还好”状态的能力和意愿会降低，而追求更多幸福的欲求终将浮现。如果你处在这一类别中，那么我鼓励你在这本书中发掘，带着提升身心健康的意愿，找到即刻就能应用的生活之道。

若分数在65以下，就说明你在长大过程中接收到的关于你内在价值的讯息过于负面。如今你背着沉重的情感负担，这来自你对于“自己是谁、自己应得到什么”的误解——你怀疑甚至否认自己生来具有得到爱的资格。你也许正在跟一些烦恼作战，并因此伤害了你与自己以及与他人的关系。人生苦短，却又提供了一个无比美妙的爱的机会，实在不该拖着这样的负累。我鼓励你参照书中列出的步骤，把自己从过去的误解与失望中解放出来，恢复情感自由。

重建幸福的基础

我从未遇见过成长历程无懈可击的人。在我看来，人世的生活似乎本就不会那么顺遂。让自己的需求得到满足、把握人我之间的界线，这类基本挑战在长大成人的过程中是必然要面对的。我们每个人都挣扎过。有些人经历过比常人更多的坎坷，便可能在心中藏了更多误解，体内积了更多压力。过去没能妥善处理的心灵之伤，会导致情感的束缚和活力的丧失。

无论到此刻为止发生过什么，你都有权利、有潜力获得幸福。努力走过这本书中列出的路线，就能辨别你在哪些地方藏有情感毒素，再逐步释放掉，恢复生命能量的健康流动，并最终走出过去的伤痛。这是通向疗愈的步骤，这是通往自由的道路。

*

在这一章中，你已向着疗愈的核心迈出了第一步：了解你的早期经历是如何塑成关于自我的核心信念，并列出了自己的情感状态清单。下一章我们将更深入地走进疗愈过程，让你看清一直以来在心里对自己复述的故事——我是谁，我应得的是什么——以及是哪些经历将你带到了今天的人生状态。你将从这些故事中发现自己的核心误解，由此开始挣脱它们对你的束缚，认识到你从始至今一直拥有可爱的品质。

第二章

核心误解：看清你的故事

心难免会哭泣，
当哪怕最小的一束光、一点爱
被夺走的时候。

——哈菲兹

随着你开始认清在你的人生中造成情感伤痛的早期故事与误解，我想引入几个来自古印度疗愈体系“阿育吠陀”的有力概念。该体系提供了一种很有价值的身、心健康整体论，认为两者实际上不可分割。五千年前的阿育吠陀医师所持的理念如今已被现代医学证明：精神——包括我们的想法、情感和欲念——与身体是紧密相连、无法分割的。两者在最深的层次上形成一个不可辨别的整体，是一条由我们的选择、经历、反应和信念所塑造的觉性之河。

阿育吠陀的教义中说，生理与情感的健康有赖于人体对生命中的一切进行新陈代谢的能力。这不仅包括我们所吃的食物，还有我们的经历、情感和感官印象。负责吸取营养、排除毒素的代谢能力被称作“阿耆尼”——梵文的“火”。从语言学来说，阿耆尼（agni）是英文词“点燃”（ignite、ignition）的词源，我们不妨将之理解为消化火力。

当阿耆尼充沛的时候，我们能高效地消化食物和吸收日常经验。我们吸取有营养的东西，放弃没有益处的成分，这使得我们能够产生健康的血细胞、肌肉组织、骨骼和神经。正如一座壁炉中的熊熊火焰能生成光和热，连潮湿的原木也能烧成灰烬，强劲的阿耆尼能产生活力和热情，把我们生活中的经历彻底“烹熟”。若阿耆尼变弱，我们便无法从经历中汲取价值或受益，即便那些经历含有潜在的“营养”。虚弱的火焰会冒出许多烟，并留下焦黑的木炭，就像——让我们把比方打到底——当我们消化不良时留下的有毒代谢物一样。这种残留物累积起来，损害我们的健康，堵塞全身能量与信息的流动，令我们变得暮气沉沉。

没有消化掉的过去

阿育吠陀教导我们，一切疾病的根本原因是毒素——梵文中称为“阿摩”——的累积。从这个角度看，如果摄入量超过身体的代谢能力的话，膳食中的饱和脂肪酸也是毒素。天长日久，血管会发生淤堵，最终导致心肌梗塞。过去未消化掉的残渣会妨碍现在的能量自由流动，动脉粥样硬化是它体现在身体上的一个例子。

以食物为例来解说阿耆尼和阿摩，比较容易让人理解，不过可别忘了，你的思想和心灵同样在不断地“消化”能量和信息。你的精神消化力此刻就在运作，把你从书中读到的想法分解成你的心智可以吸收的养分。类似的，你的情感阿耆尼也会处理你的经历和感受，比如心爱的人的美好微笑，工作中始料不及的批评，或一段新恋情带来的兴奋。

如果你的情感阿耆尼很强，你就能从自己的经历和与人交际中汲取一切营养成分，摒弃余下的部分。反之，如果缺乏代谢情感的能力，则会产生大量阿摩（或者叫有毒残渣），其害处与消化不良的食物相当，甚至更大。其实对许多人来说，压抑的怒火、长久萦绕的哀伤和挥之不去的内疚，对身心健康的戕害比任何生理上的消化问题都来得严重。

超过我们消化能力的痛苦的心理经验会产生情感毒素，损害我们目前与他人交往时全面投入的能力。过去遭遇的虐待和忽视在我们心灵之中累积，限制了爱的进出“流量”。换言之，未完全消化的伤害、失望、恼恨和遗憾留下了有毒残渣，抑制了我们给予和接受爱的能力。

从净化到复元

阿育吠陀医学的基本内容当中有一种效果强大的五步解毒疗法，是通过一系列的按摩和清洗治疗来释放体内积存的身心毒素。净化过程的步骤是：

1）准备工作

2）识别

3）调动

4）释放

5）复元

我将在此后各章中带你走过敞开胸怀去爱的旅程，它正反映着这套古老的阿育吠陀五步疗法。本书所讲的排毒并不借助清淡饮食、服用草药或接受阿育吠陀的身体治疗（不过我强烈推荐按摩，它能促进情感的清理），但完成书中的练习能帮助你有效排除思想和心灵中的毒素，使幸福的能量通道得以疏通。

下一章将介绍一套瑜伽体式、呼吸练习和冥想技巧，可以使识别、调动和释放情感毒素的过程发生得更加顺畅。现在就让我们启动排毒程序，首先要认清那些催生情感毒素的早期人生故事和核心误解。

原始脚本的分野

在我们懂得发问自己的追求是什么之前，我们的人生轨道就已被铺设出来了。在父母、其他养育者、老师、神职人员的指点之下——辅以兄弟姐妹和同龄人的反馈——我们得知自己是谁，哪些品德是可贵的，应该认同哪些信念，自己拥有（或缺乏）哪类才能，以及什么目标值得追求。

如果你的父母慈爱、专注、处事灵活，就能帮助你找到真正的自我和人生意义，而不是把他们自己的期望生硬地强加于你。如果他们疲于奔命、三心二意或顽固不化，那么你的童年大概会被一大堆“应该”和“不该”时刻紧缚着，自己的内心与他们的严厉教养不断冲撞。在你尝试按照他们的期望长大成人的过程中，这种持续的抵触能侵蚀自尊。孩子们深受身边发生的对话的影响，并把那些信息当成真的加以吸收。

人与人之间既相像又不同。我们都经历过身体、心理发育的各个核心阶段。在人格发展的过程中，我们都要学习在家、学校、宗教场所和社区等环境中为人处世。而我们每个人又有着独一无二的挣扎和体验，把它们编织在了自己的个性当中。

我在别人与我分享的故事中看到了这种独特性，却也找出了几个频频浮现的普遍主题。多年来倾听带有情感毒素的病人诉说，使我总结出了六个核心“故事大纲”：

1）父母缺席

2）父母沉溺不能自拔

3）父母久病

4）父母分心旁骛

5）父母管教太严

6）父母 / 亲戚 / 友人实施侵害

这些故事听起来总是让人不舒服的，但把它们倾吐出来正是疗愈过程的第一步。令人终生受困的情感纠结往往就是从这样的早期故事开始的，人生的道路也由此铺就。可能其中会有一两个故事在一定程度上与你自己的过去产生共鸣。我希望你读了它们以后，会认识到你的个人故事乃是整个人类大故事的一部分——而你不是唯一有过这种遭遇的人。我也希望它们能激励你走出旧日痛苦的樊笼，开始抒写人生的更令人满足的崭新一章。任何时候都要记住，情感创伤可以治愈，而快乐是你应得的。

父母缺席的故事

约翰的父母在大学里相遇并迅速坠入爱河。只过了两个月，约翰的母亲就怀上了他。两人商量过堕胎，但还是决定把孩子生下来一起养育。怀胎五月的时候他们结婚了，然而又过了几个月，约翰的父亲对家庭责任的束缚感到强烈抵触，开始害怕回家，每天在外面跟朋友们待到很晚。妻子分娩那天他还在场，但约翰两个月大的时候他就搬出去住了。

约翰年幼时见过父亲几次，十几岁时就完全没有联络了。他记得母亲总是疲惫不堪，而他一直认为自己对于所爱的人来说是个累赘。他被多种健康问题折磨，比如屡屡发作的哮喘。他通过大量进食来平复焦虑，然而身体肥胖使他更加喘不过气来。

孩子遭父母遗弃的故事实在太常见了。大自然使得人类可以在顷刻之间怀上后代，但对于交欢的二人来说，枕席间的激情再怎么热烈，也未必足够锻造出稳固的伴侣关系。我们偶尔也会听说做母亲的抛弃子女，但更常见的还是男人担不了抚养的责任。

养育孩子是一项繁重、不容懈怠的工作。投入的父母会在自己的社会关系、抚养的重任和基本生活需求之间应接不暇，力图合理分配时间和资源。单亲父母面对的挑战也许要严峻许多倍，因为他们必须独自承担对孩子的资金、情感支持。

如果你的经历与这一主题相符，那么你必须放下为遭到至亲遗弃这件事负责的想法，才有望得到疗愈。你的父亲或母亲离去并非是因为你；他（她）的离去是出于推卸责任，而这责任超过当时承受的能力。留下的那位养育者心力交瘁，同样不是你的过错。婴儿和孩童没有能力满足自身的需求，必须依靠成人养育，而后者必须把孩子的需要置于自己之上。你的父母没有足够的心力来满足你的需求，并不是你有所缺陷的证明。关键在于：**这不是你的错。**

随着我们疗愈过程的推进，我将鼓励你看清、说出自己的故事，逐步体认与之伴生的感受，再把源于它的对自我价值的错误信念释放掉。之后你就可以去理解，去宽恕，并带着更开阔的心胸前进，为自己创造更多的快乐、更好的健康和更能滋养你的人际关系，那是你应得的。

父母不能自拔的故事

苏珊的父亲滥饮成性，情绪在暴怒和萎靡之间变化无常。虽说他从未当真弄伤过苏珊的妈妈，但苏珊曾数次见到他们推搡厮打。夜里上床后听到的吵嚷声尤其令她惊惧。为了逃避冲突，她学会了在父亲在家的时候尽量无声无息地藏身。

长大成家以后，苏珊过了几年才发觉丈夫有酗酒的毛病。他开始使用语言暴力，她一气之下说要离婚，但他又许诺会改过自新。尽管他几乎没有任何实际行动能表示他将贯彻承诺，她还是没能从这段关系中脱身。

苏珊患有长期失眠和反复发作的偏头痛。她曾求助于许多神经科医生，十几年里吃过的药不计其数，但疗效有限，而且伴有难以忍受的副作用。

酗酒不但伤身，还会伤害身边的人。若父母有一人或全都酗酒，孩子身上会出现一种“创伤后压力症候群”。在酗酒者或其他染有恶习者身边养大的孩子，即便在长大离家多年以后，身心的旧患往往仍缠绵不愈。

酗酒父母不可捉摸的性情会动摇子女的情感立足点。如果同时还有精神、身体虐待的话，孩子长大以后就可能难以对人际关系建立信任。另外，酗酒者的子女在成长过程中自己也染上酒瘾或毒瘾的情况很常见。在潜意识层面上，他们从父母那里学会了用上瘾来麻痹痛苦的感受，即便效果微不足道。

对其他事物的沉迷也可能有类似的有害效应。一位沉溺于毒品、赌博、网络或工作的父母，情感关怀的能力会下降。孩子会把这种缺少关怀的情况理解为自己的需求不如别的事情优先，而自己也不是什么重要的人。如果没有关爱备至的父母支持，他们可能会发展出自我价值感低、自信严重不足的状况。

若要脱离这座毒害自我的内心牢狱，就必须专心致志地认清它的影响模式，抛弃对于无法帮父母重回正轨的内疚，建立新的、正面的内在对话，认可自己生而具有的价值。如果你的经历符合这一类别，那么你还必须疏导并释放心中积藏的旧怨。在你能够真正宽恕、自由地去爱之前，你要允许自己充分地去感受，然后释放出来你压抑了许多年的怒火。

父母久病的故事

贝琳达五岁的时候，母亲感到严重的关节痛，求医后经过长达数月的诊断，得知她患有一种罕见的关节病变，只能控制而无法根治。每次发病，母亲就有几个星期举步维艰，有时根本下不了床。父亲微薄的收入请不起雇工帮忙，所以贝琳达自觉担负起越来越多的家务，包括照顾年幼的妹妹。

从十几岁开始，贝琳达时而会有一阵莫名的情绪低落，到二十多岁的时候渐趋严重。虽然她可以服用抗抑郁药挺过去，却几乎感受不到热情或喜悦。她说自己执迷于完美，一旦察觉到事情失控就会产生强烈的焦虑。

对孩子来说最难以接受的一次觉醒，是在发现父母既非全能也非全知的时候。在我自己的人生中，这个转折点发生在 11 岁，正值 1962 年的古巴导弹危机，而我意识到我的爸妈解决不了这个使全世界有毁灭之虞的问题。

当孩子认为大人有把握、有能力保护他们的时候，就会有安全感。如果父母因某种身心疾患卧床或致残，会迫使孩子提前舍弃天真，面对这世界并非永远安全的现实。

当父母中的一位久病不愈或身负残疾，与之同性别的孩子往往会承担起他（她）的角色，尽管身心都没有达到必要的成熟度。小女孩开始表现得像妈妈，小男孩会试图成为一家的顶梁柱。这与长幼顺序也有关系，最大的孩子更可能担负起照料全家的责任。

若童年的天真被截短，遗留的问题可能会在成年后显现。长大过程中父母久病在床的孩子，普遍受到抑郁和焦虑感的困扰。他们放松心情和作乐的能力往往有限，这是因为在小时候，身边的大人可能曾明确表示过对快乐的贬低——在亲人久病的沉重气氛下快乐是不合适的。他们虽可能在表面之下隐藏着怨愤，却又可能有意表示“纵容”自己开心是种负担不起的奢侈。子女最终患上与父母同样病症的案例并不罕见。

对于那些经历过类似以上故事情节的朋友，要疗愈并在情感上解脱出来，就得看清潜藏的失望在哪里，然后允许自己投入到产生快乐的活动中去，即便它们看似“不务正业”或“没有用处”。那些有着疗愈意愿的人会懂得，所谓的“正业”如果没有爱和乐趣相伴，其价值是很有限的。

父母分心旁骛的故事

阿曼达是家里第一个孩子，父母富于爱心。她记得最初的几年过得安心而满足，但在她三岁那年出生的弟弟，几乎从被带回家的第一天起就令人头痛。他无法建立节律感，而且一哭起来往往怎么安抚都不行。后来，他在语言、行动能力方面的发育都达不到相应岁数该有的水平，接受了一系列检查之后，被诊断出患有自闭症。

弟弟超出一般的需求令父母疲惫不堪，阿曼达得到的关爱就少得多了。即使她明知弟弟是不由自主，却还是忍不住怨恨他。

长大后，她嫁给了一个雄心勃勃的企业家，他一心要赚钱，常常出差。尽管他一再表白对阿曼达的爱和忠诚，她还是觉得缺乏安全感、孤立无援。

结婚四年后，阿曼达开始感觉疲惫，甚至早上刚起床就浑身乏力，在稍微锻炼后更是体力不支。此后，她时不时会出现颌下淋巴结肿大和类似流感的轻微症状。她在一年里四处求医，得到的诊断结果是“慢性疲劳综合症”。

生活是复杂的，有时会造成超出我们控制的情况。当童年的我们遇到自己无力改变的挑战，很难不把那份混乱、冲突或无常的感觉纳入内心。孩子缺少一把发育成熟的内在标尺来衡量人生的波折，因为其所知仅限于自己经历过的事。于是混乱、失常的状态被他们当成了“正常”，却总是觉得哪里不对劲。

由于他们的自我感觉和自我价值仍处在发育阶段，那些得不到父母足够关注的孩子就可能深深种下“自己不配受到全心关爱”的念头。成人仍可通过一些方法来弥补童年时缺乏的关爱。他们可以认识到关注的力量，并有意识地在与他人的相处中要求得到它。从简单的方面说，可以要求生活中的重要人物在跟你说话时注视着你，或者让他们先做完手头的事情再与你交流，而不是一边与你说话一边做别的。没有人应该满足于只得到零零碎碎的关注。我们会在以后的章节中探讨，**关注**与**意愿**是两个最强大的工具，可以帮助我们在生活中获得更大的成功和幸福。

从缺乏到充足

此前讲述的故事都可归于不同程度的缺少父母关爱的主题。父母的情感逃避、疾病、瘾情、分心旁骛，都可能有碍我们接收慈爱的反馈，而我们需要这样的反馈来塑成健康、自重的自我感觉。若想得到爱的自由，你需要释放掉因父母无法给予足够关爱而产生的内在讯息，把“缺失”和“不足”的执念转化为真正的自我价值和对“充足”的追求。这种转变的实现有赖于你接通自己更深层的内在，并培养基于平等和尊重的人际关系。后面几章的内容中有可供你学习并达成这两个目标的实用方法。

越界

最后两个主题讲述的是精神上或身体上的界线受到侵犯

的故事。称职父母的首要任务就是帮助子女建立健康的人我界线，使他们既能吸纳滋养性的能量和信息，又能把有害的影响排拒在外。这个过程适用于食物（摄入有益健康的食品，拒绝垃圾食品）、空气（吸入新鲜的空气，拒绝香烟）、朋友（结交善良的，远离下流的），以及观念（培养宽容，不染偏执）。

如果成年人没有学会对界线的适当管理，就容易伤害到周围的弱势者——常常是孩子。侵犯的严重程度不等，从过分的心理控制，到情感、身体和性的暴力。受侵犯程度越重，人成年后就越难保持健康的人际界线。

暴君父母的故事

埃米莉的母亲是美国二十世纪六十年代出生的孩子，受时势影响，在长大的过程中几乎没有保持外在的界线。埃米莉记得母亲自述的往事：她年幼时就可以不受管束地在家里大人举行的派对上转悠，目睹客人们喝酒、抽大麻、公然交媾。

过了一些年，当埃米莉的母亲怀上她的时候，决定不让自己的孩子重蹈覆辙。结果，埃米莉受到了同龄人当中最严厉的管教。她的生活中没有一样事情不在母亲的直接影响或控制之下，进入青春期后，日子更是过得如同入伍新兵或见习修女一般纪律严明。母亲毫不顾忌地监听她的电话，翻她的抽屉，见到一点儿过错也要施以严惩。

埃米莉一满18岁就开始反叛，她离开家，立即着手弥补之前那些年里被剥夺的“乐趣”。由于她以前几乎没机会去建立自己的生活界线，此后的几年便通过一些冒险的举动来加以试探。22岁时，她越来越多地吸食可卡因，导致了一次癫痫发作，这才决定是时候反省自己究竟想要成为怎样的人了。

虽然有些在脱口秀中露脸的所谓心理学家声称，好的父母再怎样控制子女的选择都不过分，我却相信，生活中方方面面的健康都以平衡为关键。如果父母出于对自身界线感不足的反省，而对子女施以过度管制的话，孩子也许就学不到自律和为自己的选择负责的能力。当家长把威吓与惩罚作为树立正确行为的主要工具，孩子心里就会积聚怨愤并最终爆发。在独裁或暴君式家长的看管下长大的人，往往离家独立很久以后，仍会继续着叛逆或抵抗的内心对话，形之于外就成了自毁式的人生选择。

处于这种境况的人，常会发现严厉的父母已在内心生根常住，而自己总是与之争吵不休。如果你意识到，当自己与内在父母争吵的时候便会陷入有害的行为，那么你就需要学会从情感的纠结中分辨出有关自身利害的信息。如果一种行为只是为了彰显你的独立，却无益于提升自我价值的话，那它终将成为一次代价昂贵的人生教训。你宝贵的生命能量可以被用在更好的事情上。

父母（或亲戚、其他成人）施行性侵犯的故事

卡米尔的生父在她三岁时丧于车祸，她十一岁时，母亲嫁给了一个年长几岁的男人，他有个十七岁的儿子。卡米尔最初颇享受新来兄长的关爱，但令她犹疑的是，他开始在大人睡熟后爬上她的床。她内心起了冲突：一方面想得到他的殷勤，另一方面他的触摸令她不舒服。她的身体开始发育后，他的动作越发过分了。最后她实在不堪侵扰，终于叫他收了手。

接下来的两年里，她的体重有了很不正常的增加，并陷入了此后一直摆脱不掉的暴饮暴食。直到今日，她仍无法解释当初为什么没向母亲说出实情。

童年受到性侵犯是个严重的问题。由于此类事件大都未被报知有关机构，所以难以估算准确数字，但许多项调查结果显示有超过 25% 的女性和 15% 的男性曾经是童年性侵犯的受害者。除了身体和情感直接遭受的伤痛，这些越过界线的行为还会导致长期的身心压力。

近期一项针对患长期头痛的女性的研究发现，受访者有三分之一以上年幼时曾遭受身体侵害或性侵犯。有证据表明童年受到的侵害会使其增加患上焦虑症、抑郁症、药物滥用、

肥胖症、饮食失调、肠道易激综合症、纤维肌痛症的风险，并对一个人在看待自身、他人及自我与世界之间关系的方式上产生深远影响。

受过童年性侵犯的人常常还会背负一份内疚，使得伤害雪上加霜。如果你在童年受过侵害，那么你必须认识到**那不是你的错**。尽管成年后的你可能会想，当年你本可以不必忍气吞声，但实际上你作为一个孩子，情感和思想上可用的选择都很有限。设定生活的界线并非孩子的责任，当对象是一名年长的亲友时尤其如此。

人们在小时候遭受过性侵犯，后来像卡米尔那样发展出饮食失调的情况并不令人意外。这个问题发生的原因可以有很多种解释。有些受害者变得过于肥胖或骨瘦如柴，或者患上厌食症，可能是出于潜意识的一种执念：让自己的身体失去美感，侵犯者便会放弃。除此之外，进食带来的快感，或是严格限制饮食所带来的掌控感，也许能暂时减轻焦虑。有时候饮食问题被当作自我惩罚的方式，反映出一个人所背负的内疚。在所有这些案例中，疗愈的第一步都是先认清早期的人生故事。

通往自由地爱进而自由疗愈的道路是需要人指引的。向一名能够理解你的感受和经历的咨询师述说，会对你有帮助。把你源于过往经历的复杂感受弄清楚、说出来，并采用一些释放的手段，就能打开让情感毒素流出、有益经历流入的通道。宽恕会适时地出现，但你必须先认清、表达和释放因界线受到侵犯而产生的痛苦。我们将在后面的几章里探讨这些步骤。

通往自由之路

写下你的“原始脚本”。耐心回想自己在受孕、成胎、出生和童年时所处的状况。如果你发现在早期的记忆里有大段缺失，就问问当时在身边的人——你的父母、兄弟姐妹、亲戚和家人的密友，让他们帮你填补细节。这些信息将带你踏上通往疗愈之路。

该写一个新的故事了

如上所述，我们在自己早期人生故事的驱使下，选择了进一步强化早期模式的生活。这些故事带我们走上各式各样的人生道路，而许多人会终生沿着这个指向走下去。如果你正处在情感的伤痛中，或者正被一种久久不愈的健康问题困扰，而你怀疑这问题有某种情感诱因的话，那么现在是时候找一条更快乐的人生路了。首先你要让一直以来指导你生活的无意识“脚本”揭晓。如果你的早期经历没能帮你打造健康的自我形象，没能令你发自内心地懂得你是有价值的、宝贵的、可以被爱的，那么你现在就应当认清并舍弃这些核心误解。是时候来写一部能够准确反映你美丽、强大、有价值的存在的新脚本了。

*

读到本书的这个章节，你已更深入地了解到我们如何发展出关于自我的核心信念，以及释放过去的情感残渣为何是如此重要——它会妨碍我们从内心体会纯净的爱和喜悦。在下一章里，让我们来训练自己的身体和呼吸，为看清你所携带的情感毒素作好准备。

第三章 为自由作准备

如果你在天堂哭泣，旁人都会失笑。

因为他们知道，你不过是在嬉闹。

——锡耶纳的圣凯瑟琳

为舍弃情感毒素作准备的过程始于意愿。阿育吠陀和瑜伽共有的一个核心原则就是：我们的意愿拥有组织人生的力量。你把此生想要创造的东西认识得越清楚，你调动身、意、心、灵来实现愿望的能力就越强。进展顺利的话，你至此已有了明确的意愿，即扫清通向情感自由的路，从而开启自己的心来接收和施予爱。本章将帮助你集中意愿、设定合意的路线，并唤醒身体的生命能量来推动你对疗愈和自由的求索。

我在帮助人们走出情感伤痛的工作中了解到，心是思想与身体之间的连接点。你不能只依赖自己的智力，而要把身、心都“请”来参与疗愈的过程。单纯的思想开导或分析法通常是不够的。虽然你的头脑会试图凭借思考来进入情感自由的大门，但若没有身体的完全支持，你的美好意愿将后继无力。把你的身体动员起来，它就可以成为治疗情伤、解放心灵的强大助力。

发生在思想中的每一段感受，都伴随着身体中的化学、电流变化。每当你说出“急死我了”“气死我了”“我好失望”或者“我绝望了”等言语时，你是在承认自己的身体所产生的令人不安的感觉。这些感觉来自激素水平以及神经传导模式的改变，而这些生理变化往往在不愉快的经历过去很长时间之后仍然保持着。天长日久，你的生理状况就反映出你的情感历史，并且强化着你对未来的预期。

正如思维模式的改变能够影响身体，身体姿态的改变也能影响精神，辅助情感宣泄。拉伸肌肉、扩大动作范围，可以使紧抓着情感伤痛不放的体质模式得以改变。本章讲解的瑜伽体式、呼吸法、冥想练习正是为了这个目的，它们能微妙而深入地调理你的头脑状态，使其为之后的释放过程做好准备。

为你打开心胸的瑜伽

在瑜伽古老的智慧传统中有一些练习，可以令你的身心作好准备，以便释放无用的情感残渣，从而对有益的事物敞开胸怀。由于身体、呼吸和精神有着极密切的联系，通过联系，增强其中之一的活力，另外两者便也会受益。因此，我们的疗愈过程从一套开启心胸的瑜伽体式开始。

今日西方世界对“瑜伽”的一般性认识是：一个由各种

姿势组成的系统，旨在增进身体的柔韧、平衡和力量。这些体式的首要目的在于达成身体的轻灵，从而使精神得以扩展。如果你平常总觉得颈部紧张、肩膀疼痛或者腰背僵硬，那么当你闭上眼内观的时候，你的精神会被“浑身不自在”的念头束缚，难以清静。因此，为了打开心胸，有必要先打开身体。

我鼓励你练习本章中的这七个“开心体式”，练习强度应当反映出你爱护自己的意愿。在拉伸肢体的时候不顾疼痛勉强自己做到位，通常不会有助于释放，而是适得其反。要以完全的觉知进入体式，做到肢体自然受阻（而不是产生疼痛）的地步就可以了。闭上眼睛，让自己在每一个姿势中感受到肌肉的紧绷，但不要超过这个程度而产生不适。有意识地呼吸，随着每一次气息的流出放松身体，姿势不到位的时候就顺其自然，不要强迫自己做到。

按顺序完成这七个体式，心中要怀着打开身体、准备进行深层情感释放的意愿。做每一个姿势都要带着对自己身体的欣赏和尊重。倾听肢体发出的乐与苦的信号，是对身体之本有智慧的重视，可以使身、心站在同一阵线，协力对情感毒素进行接触、疏导和释放。如果你身上有已知的伤口或活动障碍，那么做这些姿势的时候更要小心。要是你实在不确定自己能否安全地做到某一姿势，那就**略过它**。

1）从天至地式

这个体式最好以站立的姿势做，如有必要，你也可以选择坐着来完成它。

首先，双掌如许愿般合十于胸前，感受你的拇指轻触心脏所在的区域。闭上眼，做几次深长缓慢的呼吸。

双手开始十分缓慢地上举，大致到达前额的高度时，十指交叉，同时继续把双手举过头顶。手臂充分伸展后，翻转手腕使掌心朝天，手指保持交叉。

慢慢呼气，同时上身前倾弯腰，手臂下落，放松颈部。让自己的背部从上段、中段到下段逐步软垂，双手贴着大腿下滑，伸向双脚。你的手能不能够到脚并不重要。

向前屈身到最大限度后，闭上眼睛，在这个姿势中放松，缓慢呼吸几次。随着每一口气的呼出，让自己从颈部到肩膀、从后背到胯部一路松弛下来。

继续伸展你的手臂、肩部和脊柱，身躯挺起并向后弯，感受胸部和腹部的拉伸。仰望交叉的十指。如果你觉得能够保持平衡，就提起脚跟，达到完全伸展。

随着吸气，身体缓缓站直，再次把双臂举过头顶，在舒适的限度内尽量向上方伸展。

和之前一样，如果你感觉可以保持平衡的话，提起脚跟。

双手慢慢回到胸前合十，体式完成。

2）风摆棕榈式

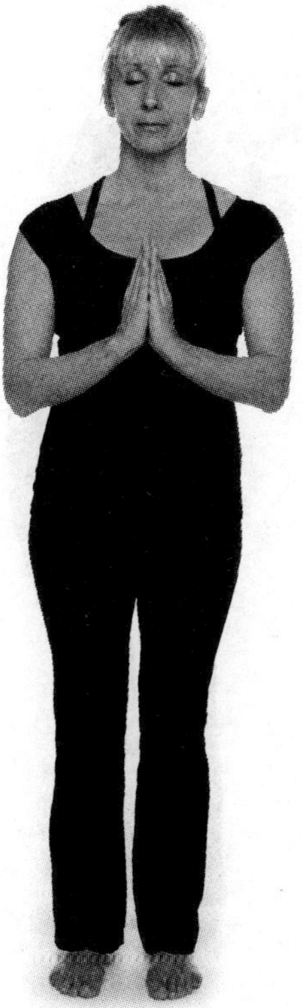

第二个体式的起始姿态与前一式相同，都是双手在心前的位置相合，然后尽量向上方伸展。

身体开始慢慢向左侧弯曲，从手臂、肩膀到肋侧和胯部一路展开。保持弯曲，在伸展的状态中缓慢深长地呼吸，伸展的幅度随着每次呼气加大。

慢慢恢复直立姿态，再逐渐将身体向右弯，从左肩、肋侧到胯部一路展开。深长地呼吸，伸展的幅度随每次呼气加大。

慢慢回到直立姿势，轻轻放下两臂。

3）打开骨盆式

这个体式能增进你对人体能量中心——海底轮的觉知。瑜伽经典上把这个位置与基本情感、性能力和创造力联系在一起。由于许多年轻女孩惯于接受来自身边人的“把腿并紧”的强大讯息，做这个体式有时会唤醒某些激烈的感觉和内心画面。找一个安全的场所来练习，以便能够探索浮现出来的情感和信息。

仰卧，双手叠在心的上方。抬起膝部，脚掌踩在地上。

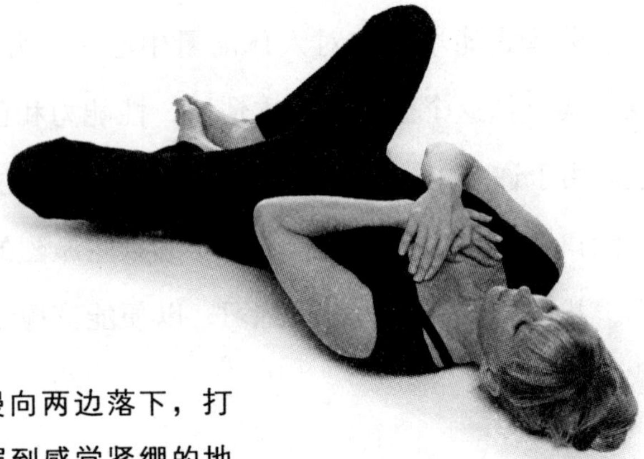

双膝慢慢向两边落下，打开胯部。伸展到感觉紧绷的地步，然后轻轻向会阴的方向拉动脚踝。深深吸气，使气息一直通向骨盆区域，同时将意念保持在胯部。不要较劲，每次呼气的时候让身体放松。

重复几次这个过程，随着每次打开胯部，进一步增加身体松弛的程度。然后慢慢伸直膝部平躺。

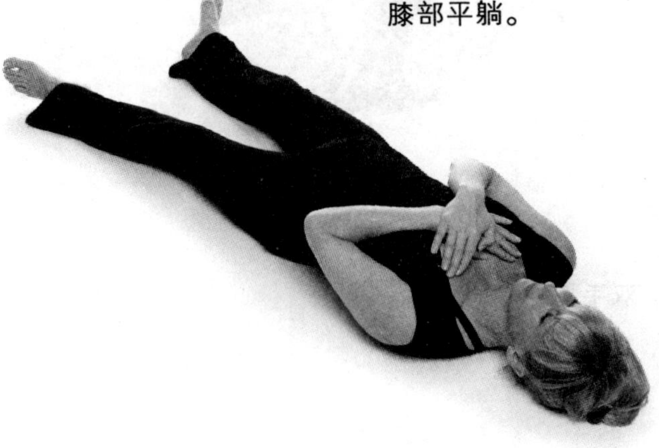

4）抬升骨盆式

仰卧，弯起膝部，脚踏地面。双臂向脚伸展，手握住脚踝。如果够不到脚踝，就让手掌平按于地面，手指对着脚跟。

保持后脑贴于地面，把骨盆撑起来，伸展胸腹部。只用鼻子作几次缓慢深长的呼吸。

慢慢使臀部落回地面，然后重复之前的动作，抬升胯部、伸展身体中段。作几次深呼吸后，身体落回地面并展开双腿。

5）眼镜蛇式

俯卧，双手撑在肩膀下方。主要以背部肌肉用力，使胸部抬起。吸气的时候以双手提供支撑。

展开并伸长颈部，连眼睛也要向上翻，如同望向自己头顶。作几次缓慢深长的呼吸，然后渐渐放低胸部，贴向地板。重复几遍这个动作。

6）开怀扭腰式

仰卧，双臂向两侧伸开，与身体成直角。

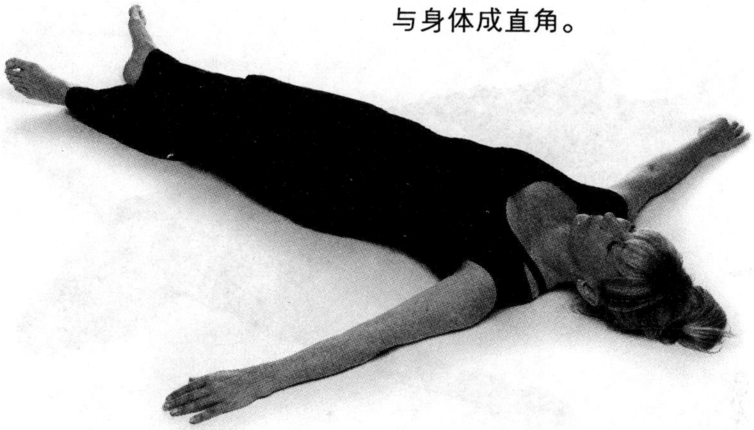

屈起左膝，左脚跨过右腿、踏在右膝旁边。随着脊柱下段与骨盆向右侧转动，头颈部转向左边，感受整条脊椎的拉伸。缓缓呼吸几次，让自己随着每次呼气进一步放松进入这个姿态。

回到仰卧姿势，放平双腿。

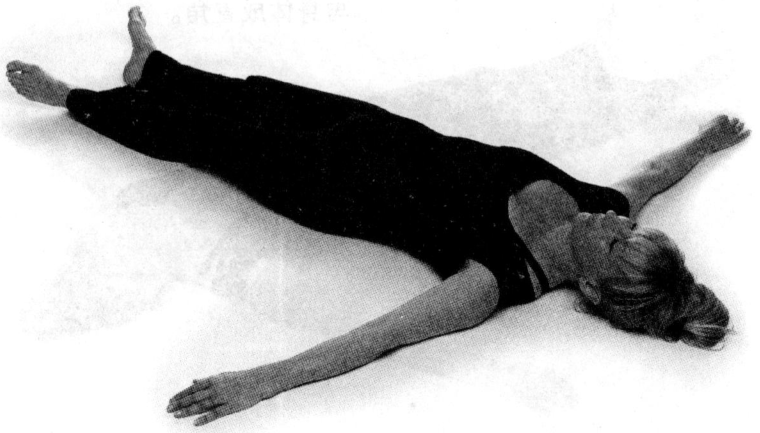

然后屈起右膝，右脚跨过左腿，踏在左膝旁边。下半身左转，头部右转，再次感受整条脊椎的拉伸。缓慢地深深地呼吸几次，伸开双腿回到平躺姿势。

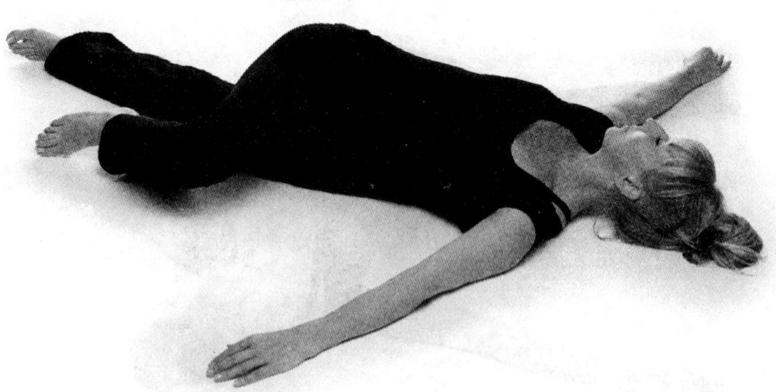

7）婴儿式

最后一个体式能提升安全感和集中力，为内心探索作准备。

翻身撑起身体，并拢双腿跪坐，然后上身从腰部开始缓慢前倾，直至胸口贴上大腿、前额落于地面。手臂向前伸开，做几次缓慢深长的呼吸。

缩回双臂，伸向后面的脚踝，使之放平与腿并列。带着觉知缓缓呼吸，感受胸部在膝盖上面的律动。把这个姿势保持几分钟，觉察你的念头与感受。

开启心胸的呼吸练习

在清除心中的负面感情残渣之前的下一项准备工作，是深入了解呼吸的净化力量。世界许多地方的上古文化中都有通过调整呼吸来改变和提升人的觉知状态、获得新领悟的技巧。从印度古老的瑜伽呼吸法，到精神病学先锋格罗夫的全象呼吸法，有意识的呼吸吐纳往往能产生与人的疗愈意愿相配合的转化力量。

呼吸在人类思想行为的意识与潜意识境界之间提供了一条通道。人脑中深藏的诸多原始功能中心调节着呼吸的频率、节奏与深浅，使之灵活适应我们不断改变的感觉及对世界的认知。一旦我们觉得面临威胁，身心会被同时激活，以逃离或主动进攻自己所觉察到的危险。我们的呼吸会根据当前心态自发地调整，影响并呼应着神经、激素、循环系统中的变化。

在大多数时间里，呼吸、精神与身体之间的紧密联系是自动发生的。呼吸在我们不经意间运作，就好像这个宇宙在昼夜不息地帮我们按摩肺部似的。

不过，呼吸与我们身体的其他许多自动机能不同，可以被有意识地控制。我们从小就学会了这项本事，比如憋住气来得到父母或兄弟姐妹的回应，或者，你可能还尝试过快速换气，从中体验到了那种眩晕感。正如精神和身体的活动能够影响呼吸，反过来，呼吸的改变也能影响精神和身体。

扫清道路

呼吸练习可以使人放松并激发活力，有助于清理头脑、开启心灵。试试这三种呼吸技巧，并留意你脑海中的念头和身体的感觉。如果你怀有身孕，或曾被诊断出癫痫，又或者已知有心肺方面的问题，那么在做这些呼吸练习的时候要非常舒缓。如果你在练习时感到任何不适，就要听从你的身体，**停下来**。

1）风箱式呼吸

取舒适坐姿，闭目，双手放在大腿上。发动你的横膈膜和腹肌，用鼻子深长而有节奏地呼吸。

开始时采取大约每 2 秒一次的呼吸频率（每分钟 30 次）。一分钟后，使呼吸减缓并加深，改为每 4 秒一次（每分钟 15 次）。

再过一分钟，进一步放缓呼吸，改为以 10 到 15 秒的时间完成一次充分的呼吸（每分钟 4 到 6 次）。然后让你的呼吸恢复正常，只需观察身心的状态。

2）放射式呼吸

下一个呼吸技巧是用鼻子有力地呼气，随之用嘴被动地吸气。

首先双手于胸前合十，肘部从体侧向外支起。用嘴吸气，同时肘部向外侧乃至后方转动，双掌分离，扩张胸部。

用力从鼻子呼气，同时双掌回归胸前合十。以大约每秒一次的速度重复此动作十次。你也许需要备些面巾纸或手绢来擦鼻子。

停大约 15 秒，然后再重复上述过程，用嘴吸气、用鼻子呼气，但改为连做 15 次。完成这一轮后，合上眼休息并观察身心状态。

再过 15 秒钟，做最后一轮，口吸鼻呼，连做 20 次，同时通过手臂的开阖来扩张、收缩胸部。

静下来待一会儿，只需观察脑中的念头和身体的感受。

3）节奏式呼吸

这个技巧的强度更高一些，最好在有人陪伴时练习；自己一个人做也可以，但要缩短练习时间。如果能播放动人的古典音乐作为背景，它的效果尤为显著。（可参见我在附录中的推荐曲目。）

首先弓身侧躺，在头下、双腿间各垫一个枕头，以使自己完全舒适。开始以每 2 秒一次的频率用嘴有节奏地深呼吸。

以这样的强度频率呼吸下去，你自然会感到轻度的口干和头晕。如果你开始因刺痛、头晕或肌肉拉紧而感到不舒服，就减小呼吸的深度和频率。当血液因身体过度换气而变成碱性时，这些生理征候就会出现，而不适感就是通知你放缓或停止这种呼吸练习的信号。

每次练习节奏式呼吸的时候，可以连做约5分钟，同时留意身心的变化。对在你停止这一呼吸技巧、让身体放松之后得到的信息要格外注意。回忆和强烈的情感常常在这个时候浮现出来。

练完这三种呼吸法之后，花些时间来记录你的体验。写下你在每次练习当中以及之后的想法和感受，着重描述你从中得到的感悟。

冥想：感受自体之中的心之大道

当现实生活依照万物发展的自然之道展开，与个人的需求和欲望出现分歧时，生活当中的我们便有了诸般挣扎。使“个人”与我们身处宇宙之中的真实自性重新和谐一致，正是心灵求索之旅的真正意义。这一大矛盾是无法在思想层面上得到解决的，但正如法国哲人布莱兹·帕斯卡尔所说：“心中自有理智所无法探知的道理。”人的头脑思想具有分别判断的本性，而经由心的智慧，人可以超越这种本性，而发现对立事物所共有的一面。与头脑的“分别”本性不同，心的本性则是：在感受到“统一”可能性的时候，摒弃头脑中为了给冲突或对抗找理由而生起的利害辩论。

集中于心灵的冥想能使人从狂乱的情感中得到解脱，并提供了一个接触、解决情感伤痛的平台。当你知道我们内心都有一片和谐、无缺憾的净土，超越人生的失落、挫折、背叛和伤害而存在，你便能有勇气面对和驱逐那些扰乱安宁的“心魔”。

冥想的方式就像今天的交通工具一样种类繁多，如果某一种冥想技巧能够带你进入宁静的内省状态，那么它就是适合你的。有些人可以通过散步获得这种宝贵的静定；另一些人会听听古典音乐，或者引导自己想象某种场景，从而平息纷乱的思想。我教人冥想已有三十几年的时间，通常偏爱尽量不要求准备工作或行头装备的方式。我虽认可导师录音和生物反馈仪器对于辅助冥想的价值，但经验表明，如果你用来推托冥想的借口尽可能少（比如忘了带CD机、电池用光了、耳机不好用等等），你从普通的冥想练习中获益的可能性反而更大。

学习冥想

生活中有些技巧是容易学会的，只是开始的时候需要一些指导。以我的经验，冥想即属于此类。正如尽责的父母不会让孩子照着书本、光盘自己学游泳或骑自行车，学习冥想的最佳方式是由导师手把手教，并在其指点下练习。倒不是冥想难学，只是在初期接受指导可以确保你不走弯路，这会让你终生受益。

出于这个原因，我们在乔普拉健康中心做了一个冥想认证项目，创建了遍及多个国家的导师网络，由他们在各自的社区提供冥想指导。在跟随有资格的导师正式学习之前，你可以练习后面讲到的观息冥想法。这种方法很容易学，而且会使你在追求情感自由的道路上获益良多。

“平心”呼吸冥想

取舒适坐姿，闭上双眼，花上片刻让意念走遍全身，如果察觉有哪个部位的肌肉处于紧张状态，就用嘴深深吐气，同时有意识地放松那个部位。

接下来，只要静静观察气息的流入流出就好，不要试图以任何方式改变它。这样观息大约半分钟后，开始轻轻地重复念“我在”，每次吸气的时候念“我”，呼气时念“在”。要念得轻而模糊，不要把精神集中在这上面，也不要试图清晰地发音。

如果依法练习，那么你会发现，有些时候你的意识会离开呼吸和“我在”二字，一些有关过去或未来的念头飘了进来。一旦你发现自己的注意力移开，就轻缓地使它回到呼吸和“我在”上来。持续做 15 到 20 分钟，结束时，先花几分钟舒展、活动身体，再做日常的事情。

许多人错误地认为自己无法冥想，因为他们在练习过程中会有杂念和分心。事实上，除非你的身体有绷紧的地方，否则都不能说你的冥想方式不对。至少在这短短十几分钟的时间里，你应该放下控制的欲望，只是单纯地观察在你学着放手时会发生什么。你在练习冥想的过程中其实只会有四种不同的体验，而每一种都能说明你的方式正确。

1）**觉察到自己的呼吸和“我在”的念诵。**把注意力放在这种重复体验上，有助于平复精神的不安。

2）**走马灯般的念头。**有时候你的念头似乎要带来重要的感悟，有时则显得琐碎平常。它们往往好像梦境，你过后无法记起实际内容。你没必要去评价这些念头，每当你发现自己在想事情，只要让注意力回到呼吸和“我在”上就好。

3）**入睡。**如果你最近休息不够，也许会在冥想时睡着。不用抵制这种渴望。如果你的生理系统需要休息，就让它趁机释放累积的疲惫。等你醒来以后，再作5到10分钟的冥想。

4）**脑海清明。**会有一些时候，脑中纷乱的思绪退去，你无思无虑却有着清澈的觉察。这是你瞥见了心念间隙中的宁静空间，而且通常会伴有身体上深沉的放松感。冥想时获得脑海清明的体验后，你在平常清醒状态下的觉知就开始提升。这种觉知可以帮助你更加清醒地作出决断。它会使你的为人处事从“反射”或“反应”模式转变为“静虑”模式。带着这种扩大的眼界起步，你识别、调动、释放情感毒素的过程会进行得更加得心应手。

通往自由之路

从今天开始让你的身体动起来。放下这本书，至少做三种打开心胸的瑜伽体式。练习一种或多种呼吸法来振奋自己，然后花上至少几分钟来冥想，体会内心的宁定平和。

*

在“活在当下”的觉知中度过的人生，既植根于情感自由，又成全了情感自由。要达到这种状态，除非生活的所有层面都不受过去经验的有毒残渣妨害。这种状态使我们能够利用过去，而不是被过去利用。通过打开心胸的瑜伽体式、激发活力的呼吸练习和集中于内心的冥想，你已开始启动自己的身体、呼吸和思想之间的联络通道。现在让我们向着疗愈再迈进一步，去接触和辨别来自过去的、对今日的你造成伤害的情感毒素。

第四章

揭开心幕：看清你人生中的情感毒素

你的心只在你的内在，再无别处安住。如果向内探询，你会找到所有答案。

——罗摩克里希纳

享受有意义、有目的感的人生，是你与生俱来的权利。不论你生活中的人们一直以来是否为你来到世上而欢欣，你都有权庆祝自己的存在。把意涵与此相悖的记忆或执念识别出来，是通往爱之自由道路上的关键一步。切勿浪费光阴，须知虽然对生命的庆祝是永恒的主题，你个人能够参与其中的期限却只是短短的一生。

你如何成为了今日的自己

随着你在情感自由之路上前进，一件事的重要性便凸显出来，即看清自己是如何走到了现在这样的人生境况。识别旧日那些塑造性的经历和事件，会帮助你更透彻地理解目前的境况；有了这样的感知和觉悟，你才可以挣脱那些根深蒂固的、无意识的思维定势。再从这个清醒觉知、情感自由的状态下起步，你将能够抒写人生中更欢乐、更充满爱、更富于回报的全新章节。正如古代佛教典籍《法句经》中所言："自我从心念中生，集众生心而世界成。"如果过去的经历在你心中留下了不良的内在对话，否定你爱的权利，那么现在就该把它带到清醒的觉知中来，并树立新的正念。

你若想塑造新的自我感觉，使之能够支持情感自由和身体健康，就必须先明白自我感觉是如何形成的。如果了解意识的四个基本特性，你就能有意识地转变不良的思维、感情模式。自我意识的四大功能是：

1）收录

2）标注

3）评估

4）同化

在生命的过程中，我们的意识一刻不停地收录着通过感官觉察到的事物。我们其实只能注意到身旁发生的事件中的很小一部分，这不是坏事，因为如果不做"过滤"，我们就会迷失在身边无休止流动的能量与信息之中，永远回不过神来。

一旦察觉到某种经历，我们会立即参照自己的记忆库，标注出它的感官印象。你看见一只四条腿、摇着尾巴的动物，意识中就浮现出"狗"这个标签。如果你的词汇量够丰富，浮现出来的也许会是"罗威纳犬"这样的词。四下望望，看你惯于标注的意识是如何迅速给每一个被注意到的物品分配词汇的——电话、蜡烛、门、盆栽……意识还以同样的过程来标注行动和事件，比如呼吸、微笑或者睡眠。我们的头脑给每件东西都分配一个“标注框”，以强化对熟悉事物的认知。

评估层面的意识会判断每一份经历是苦事还是乐事。我们用于这种“好”“坏”判断的基本准则是：我们获得的感觉是否能巩固我们的世界观。如果能，我们就将之标注为“正面的”；反之，如果感觉到的东西与我们的看法冲突，就把它标为“负面的”。

我们从前对于罗威纳犬的经验会影响当前的评估。举例来说，如果你年幼时有一只忠厚的罗威纳犬伴你长大，当你在公园里看到一条没系狗绳的罗威纳犬奔跑时，你的评判大概会是正面的。然而如果以前你的邻居家有条恶犬，每次见你走过门口便狂吠的话，你看见同样一条自由奔跑的狗，就可能给出负面的评判。

最后的识别或归属层面，将决定你是否把感知到的经历、想法、感受、事物或关系变成自己的。你是接受它还是拒绝它？它会变成你的一部分吗？与你已然建立的自我感觉发生共鸣的经历更有可能会被你吸纳，成为你的一部分；没有共鸣的则更可能被忽视、拒绝，或者说过滤掉了。

为了更好地理解收录、标注、评估、同化的心理过程，让我们来思考一下与某人初次约会见面的场景。从相见的第一刻起，你就开始通过感官收录信息，而且每收到一个感觉，你都会给它打上标签、做出评估：发型，喜欢；着装风格，不喜欢；嗓音低，喜欢；香水，不喜欢；点菜品味，喜欢；如此等等。在这次见面过程中的某个时刻，你会做出决定：要不要接纳这个人进入你的生活。你会再和他（她）见面吗？要请她（他）到家里坐坐吗？你们会发展亲密关系吗？你们能幸福地终生相守吗？

当然，每个人依各自的心理状况及考量对象的不同，通过这几个阶段的速度不一样。一个人可以瞬间决定买一辆心仪的新车（并相信能凭借它强化自我形象），而在认真进入一段恋情前却要花上很长时间。另一个人可以与爱侣一见钟情，却会为了买一双鞋纠结数日。

审视那些创造你最初的自我形象并持续使之强化的核心要素，能使你更清醒地看到新的经历如何影响着你的自我感觉。你纳入自身情感经验的，归根到底是一个个抉择。你对自己的情感边界认识得越充分，就越是善于做出抉择，让生活的营养流入，把毒素挡在外面。

早期家庭模式

我们的自我感觉，以及对各种状况、环境和他人如何反应（包括有意识的和下意识的反应）的“模板”，都在我们成长早期就形成了。为了使自己的需要得到满足，我们逐渐懂得了要表现哪些方面的本性，以及要压抑哪些方面，这在很大程度上塑成了我们的性格。从出生开始，我们都有着对关怀、疼爱、赞扬和安乐的基本情感需求。孩提时，大人们或直白、或委婉地教会了我们，哪些品质、特征、想法和行为能帮助我们得到满足，哪些不能。如果你成长于一个金融精英家庭，却展现出天生的艺术才能，也许并不能因为这天才而得到关注和赞赏。你的父母说不定还会当众批评你对艺术的兴趣，说那与银行业的“务实事业”相比是无关紧要的玩意。当你把这个言外之意里的教训——追求艺术无法使你对赞赏、关注、疼爱、安乐的需求得到满足——纳入内心时，你的天才也许就会枯萎。

换一种情况，如果你的家庭看重艺术事业，你天生的运动员才能也许就要被泼冷水了。也可能你生在了对职业体育极为热衷的家庭里，你对文学的热情却无人鼓励。

总的来说，我们会把需求得到满足的感觉，与促成其满足的想法和价值观联系起来。换言之，我们会开始相信父母（或其他养育者）的价值观一定是正确的，因为它牵系着那些能满足我们需要的人。天长日久，我们就把他们的想法当成了自己的。

我们每个人都有自己通常愿意表现的品质，而把其他品质埋藏起来。那些自己通过经历认识到其价值的品质，我们就把它变得名正言顺，而那些被视为没用的品质，我们就当它不是自己的。前者成为我们有意识的自我形象的重要组成部分，而后者隐藏在我们无意识的“影子自我”当中。

人们用自己逐渐当作正确答案接受的那些品质和想法来定义自我。如果让一般人定义自己是谁，他们告诉你的都是平日占据他们心思最多的事情。这通常表现为历数自己的职位、财产、社会关系和认同的想法。当某人说“我是一名律师”的时候，他们的意思是“我花最多时间思考的是我手头接的案子”。当一位女性说“我有孩子”时，她在暗示“我一天里有大块的时间在考虑孩子的上学、三餐、衣着、健康和要洗的衣物”。如果某人宣称“我是民主党”或“我是共和党”，他们的意思是“我把一大部分心思用在让符合我政治理念的政客获选上面”。若有人说“我是基督教福音派信徒”，或“我是逊尼派穆斯林”，他们是在用自己信奉的、念念不忘的一套核心思想来定义自身。

核心特点

正如我们以角色和信念来定义自我，我们的“身份认同”也是源于内心深处对自身核心特点的执念。我们会不自觉地宣示自己所拥有的关键品质，虽然这种表达通常没那么明确，但我们每个人都携带着一份关于自己的“信念清单”，它反映着我们一生中收到的反馈。

举例来说，一位女性依早期所受的引导，可能会相信（并向世界表现出）她是体型优美、风趣可亲、聪慧而强大的；同样是这位女性，如果成长于价值观不同的另一个家庭，也许就会渐渐相信自己个头太高、话太多、心思太细又咄咄逼人。在一种情境中被视为自信的品质，换一种情境可能就被解读成狂傲；这种环境下的谦逊也许就是那种环境下的畏怯。简而言之，我们就自身核心特点发展出信念，对自我感觉的影响要比那些特点本身大得多。

在你成长发育的阶段，如果你不断收到贬低你的讯息，那些负面判断就被织入了你的身份。当孩子被大人们说成没用、傻、胖、吵、讨厌或笨手笨脚的时候，他们很难不把这些负面信念纳入内心，因为他们的情感边界仍然是稚嫩和有空隙的。如果父母或养育者本身在自尊自爱方面有缺陷，他们常会拒绝承认这些难受的心结，而把它们投射到家庭成员身上去。看清别人的特点常常比看清自己要容易，这种自我防御能维持一个人的自负或自怜。

那些对子女有着过高期望的父母也能造成伤害。在你小时候，如果家人期望你永远都是学习尖子、运动健将，在一切方面无可挑剔，而你无法总是实现这些目标的话，也许会觉得丢脸。尽管父母相信他们是在帮你发掘全部的潜能，却造就了一种无论你做得多好都会感觉不够的氛围，于是你发展出了根深蒂固的不满足感。

见证你的选择

这些关于我们核心品质和价值观的信念，在我们人生早期的潜意识下被纳入内心。于是我们会选择某些行为并表现出某些特点，以强化自我形象。在某个层面上，我们做出的每一个选择都在向世界宣示我们信奉的理念和对自身的认识。想想你从早晨醒来到现在做过的选择吧：你用来洗头发的香波，你所用牙膏的牌子，早餐吃了哪种类型的麦片，上班路上听了什么电台，无不反映和表达着你的自我认同感。你打交道的那些人，去的那些地方，以及你去那里时选用的交通方式，都向世界宣示着你的信念和价值观。一个开着“悍马”车去看橄榄球比赛的人，与一个开混合动力车去参加人道协会募捐宴的人，他们的自我思维所发射的讯息是不一样的。注意感受一下：即便当你只是读到这些例子的时候，你的自我思维也在自发活跃地做着判断。你也许还会争辩自己的选择为什么比别人的要好，而你的自我思维总能找出使其立场显得合理的根据，因为这思想源于并强化着你的自我形象。

通往自由之路

在接下来的24小时里，体会自己对每一项经历进行评判、加标签的思维习性。例如，在早起穿衣服的时候听天气广播，知道今天将是个温暖晴朗的好天，因为这跟你要出门跟朋友共进早餐的计划相一致，你就把这预报标记为“正面”。当你开车出去会朋友的时候，遇上了堵车，由于这种耽搁与你的需求相悖，就在脑海中被标记为“负面”。在电台中寻找最新路况播报的时候，你调到了当地新闻台，听到记者正在采访一位鼓吹军事理念的政客，你非常反感他的观点，“负面”。下一个电台正在播放你最喜欢的歌，“正面”。

随着这一天慢慢过去，仔细观察你脑海中一刻不停的评判——对你不太能控制或根本无法控制的各种状况、环境、人物和事件的评判——是怎样影响着你的存在状态。观照自己对一切加以评判的倾向，并看看自己能否在**不对自己的评判立场加以评判**的情况下，认识到你所选择的视角只是诸多可能视角当中的一种。观察你的评判思维，并提醒自己还有其他的可能视角，这么做能让你的思路更灵活，在遇到持不同观点的人时不至于那么沮丧。

向内心深潜

核心信念驱动着我们的想法、感觉和选择。如果我们在清醒状态下察觉不到这些信念的话，就会不问缘由地任它们指导自己的生活。这些潜意识中的信念就像躲在幕后扯线的木偶师，促使我们按照“想当然”的一贯方式去感受、说话和行动，即便清醒的头脑告诉我们用其他方式能收获更多的快乐、爱和健康，行为却不听使唤。为了把这些隐藏的念头和故事从幕后带出来，我们要进入一种基于直觉的自省。

首先必须意识到自身有哪些特点和品质被你赋予了“不正当力量”，贬损着你的人格。每个孩子生来都有得到无条件的爱与接受的权利，然而可悲的是，许多孩子都没能享受到。遭受困扰的父母、兄弟姐妹、同龄人会把他们的痛苦和彷徨投射出来，在这些隐形的战争中，孩子成了被殃及的牺牲品。因痛苦而产生并投射出的负面情绪化为误解和错误的信念，刺入幼小的内心和意识里。**你若想从这种有毒的印象中解放出来，就得掀开幕布，把它们带到清醒意识的“台前”来。**此过程有三个要素：1）收心静虑；2）唤起式的提问；3）身体的觉察。

收心静虑

我们在第二章里介绍了“阿摩”的概念，指以往经历中未被消化的毒性残渣。古印度阿育吠陀的教义中指出，生物体拥有一种先天消化力量，或称“阿耆尼”，它让我们能够吸收人生经历，提取其中的养分而摒弃其余。如果一段经历超出了我们消化吸收的能力，就会有残渣留存在身体或意识里。时间一长，累积起来的经历残渣会抑制我们充分处理当下生活的能力。

为了找到情感毒素并启动释放过程，我们需要减少新经历的“摄入”，以便引动阿耆尼来处理过去的残渣。你可以从生理层面上来理解这项原则：选择低脂饮食，身体才能代谢以前放纵食欲积累下来的脂肪。

唤起式的提问

你的心渴望摆脱负担，一旦予以机会，它会把妨碍爱之自由的毒素——未消化的伤痛、失落、背叛、虐待和忽视——毫不迟疑地释放掉。要找到未消化的情感毒素，必须问出正确的问题，然后倾听心灵的答案。答案就在你心里。你只需要凝定心意，倾听回复，就可以在它的引导下走向你应得的爱和幸福。

做好向自己内心提问的准备后，找一个舒适的、不会被打扰的地方。可能的话，花上大约一个小时来专注进行这项练习。关掉电话，把孩子交给爷爷奶奶，并确保你的宠物安乐无忧，不至于等会儿来抓你的门或高声召唤你的注意。做好安静独处的打算，把这看作内在自我的一种诱导过程。你把所处的空间布置得越是安全、舒适，与你生命中那些隐藏层面的接触就会越易于进行。

放些使人宁静的音乐，点几支蜡烛，洒些有助于放松的芳香精油。花几分钟时间做上一章教的开心瑜伽和呼吸练习。然后在舒适的座椅或坐垫上安顿好自己，花十分钟左右用一种冥想技巧来静心。在这宁静的空间里，你将开始问出能治愈心灵的问题。

识别毒性特征

舒服地坐着，做几次悠长的呼吸。知觉集中于内心。现在向自己问出这个难堪的问题：

我有什么毛病？

虽然我们一生中的大部分时间都在遮掩和压抑这个问题的答案，但这一次，你面对它的机会来了。你携带着负面的自我评价，因为你已惯于接受他人的观点。现在到了挑战这些评价的正确性的时候。为了给这个过程的启动增加助力，可以浏览下面的特征列表，这是多年来许多客户与我分享过的，看看有哪些激起了你的情感回应。

身体特征	
我太胖	我太瘦
我太矮	我太高

我太黑	我太白
我的头发太卷	我的头发太怪
我的头发太直	我的牙太大
我龅牙	我的鼻子太大
我是扇风耳	我的手不好看
我的脚不好看	我有小肚腩
我的屁股太大	我是平板身材
我的胸太大	我的胸太小
我有赘肉	我的大腿太粗
我的身材比例不协调	我的阳具太小
我口臭	我体味重
我皮肤不好	我是猪
我动作慢	我坐不住

心理与个性特征	
我笨	我粗鲁
我自作聪明	我自私
我是个书呆子	我是个没劲的人
我没风格	我俗气
我粗野	我老患得患失
我太谨小慎微	我没主见
我有依赖心理	我脑子有毛病
我是胆小鬼	我真没用
我不称职	我没救了
我太黏人	我是废物
我靠不住	我说谎
我傲慢	我对什么都品头论足

我自以为是	我是个懒蛋
我爱说风凉话	我这人一钱不值
我老是指摘别人	我的存在就是个错误
我胡作非为	我惹人讨厌
我对什么都想控制	我很吵
我是个可怜虫	我什么天赋都没有
我令人作呕	我不苟言笑
我为人刻薄	我太容易屈服 / 太随随便便
我自恋	我粗心

身体的觉知

有毒的情感和信念都具有身、心两方面的成分。要想完全认清你携带的情绪毒素，需要全面调动你的身心去觉知。当你念及以往可能吸纳过的不良信念和品质时，留意身体上的感觉。身体产生的感受就像指示灯，示意有某种埋藏的记忆或信念盼望着被你发现。一面倾听内心的声音，一面感受自己的身体，这样可以确保你能触及那些以往经历的有毒残渣，从而在身心疗愈的路上继续前进。

处理清单

拿出你的本子，在上面一条条列出你已认同为自身所具有的、最显而易见的负面特征。你应该很容易就能列出至少七条所谓的缺点来。如果多花点时间并肯用心的话，列几十条也不成问题。进入这个过程时的最佳心态就是要明白，在我们信以为真的每一项负面品质之下，都藏有一个正面的可能性。同样道理，每一项我们自以为具备的优点，也都对应着某种隐含的负面心理。我们都有明朗的一面和晦暗的一面，把明暗两面一起接纳并不会损害我们的力量，反而会带来自身的完满。

在认清心底那些自我否定的信念之后，为它们排序，把最令你困扰和痛苦的品质放在最前面。你的清单可能会写成像下面这个样子：

1）我是个邋遢鬼

2）我没用

3）我很难看

4）我是个寄生虫

5）我很白痴

6）我只知考虑自己

7）我没一点可爱之处

现在来思考这些品质所反映的人生故事。如果能认识到你长久以来围绕这些品质所编织的故事，那么你就开始从它们对你的潜意识控制中解放出来了。只有这样，你才能自由地感受人生中的快乐、活力、爱、意义和安宁。

从清单里的第一个品质开始，问自己如下的问题，这会有助于你看到，你所内化的这个特征有着怎样的根源和枝杈。为每一个答案写几段话，回顾有关这种伤痛的往事。

1）我是什么时候第一次听别人这么说我的？是谁给我贴了这个标签？我对此人有何了解？

2）我被贴上这个标签的那段时期发生过什么事？

3）这个标签是怎样影响了我的自我感觉和亲密关系？

4）这个标签是怎样影响了我的身心健康？

5）我有义务继续怀着这有害的品质走下去吗？我不配得到快乐吗？

6）不论这信念怎样让人痛苦，它对我有没有过任何好处？

7）如果取回被这种品质夺走的力量，会对我的身心健康有怎样的影响？

我的病人保罗是一位中年律师，多年来备受慢性支气管炎、高血压和腰背痛的折磨，终于准备戒烟并减少止痛药的用量。他最近在面对自己的离婚打击时决定开始过一种更健康的生活。保罗认识到“可怜虫”是拖累他最多的负面标签，对这个标签的认同，让他自从童年开始就生活在巨大的痛苦之中。他审视自己围绕这个标签编织起来的人生故事，写下了上述问题的答案，由此产生的新的了解成为他治愈创伤的助力。

1）我是什么时候第一次听别人这么说我的？是谁给我贴了这个标签？我对此人有何了解？

保罗回忆起自己第一次被贴上“可怜虫”的标签是在大约六岁时。此前他母亲再婚，嫁给了一个心智不成熟的男人吉姆，她给小保罗的任何关爱都会使这位继父不乐意。吉姆常对他很凶，尤其是妈妈不在家的时候。他的哭泣只会激起继父更大的怒火，并引来了恫吓：“你这小可怜虫，你要是敢跟你妈告我的状，我就把你们娘儿俩一起撵出去！”

保罗先前从来没有想过去了解暴戾继父的人生，与我接触后他开始把这些年来得到的零星记忆片段拼凑起来：吉姆的父亲也是一个暴躁易怒的人，常对他施以身心虐待。在越战时期，吉姆被征召入伍，并在战场上失去了几个挚友，也是在那段时期，他开始吸食鸦片，有一阵还加剧到吸海洛因。战后回到美国，他无所事事地晃了几年，才在服役时认识的一名退伍老兵开的汽车维修店里找到一份工作。早年创伤遗下的焦虑症再加上养活妻子和继子的责任，对于这个伤痕累累的人来说太过沉重了。

2）我被贴上这个标签的那段时期发生过什么事？

保罗回想他的生父离开家后，母亲就带着他搬到了新男友——这个人很快成了他的继父——所在的城镇，在很短的时期内，小保罗的生活发生了巨大改变：父亲走了，搬了新家，转到新学校，还得去适应继父。

3）这个标签是怎样影响了我的自我感觉和亲密关系？

保罗在这一时期被灌输的观念是：表达伤感是弱者的标志。他内化了这一观念，所以尽管承受着难以适应的巨大变故，最后却决心再也不表露情感。虽然他当时没意识到，实际上却已筑起一堵心墙，封锁了一部分自我，因为流露脆弱的代价太高了。

保罗描述自己的恋情总是一开始兴奋热烈，紧跟着就日渐冷落下去。哪怕是爱人话语里一丁点儿的批评意味，比如“你真觉得你这衬衫和裤子相配吗”，都会让他觉得受了拘束，并变得脾气暴躁起来。他的第一次婚姻持续了不到两年，因为他的妻子抱怨自己嫁给了一个活死人。他的第二次婚姻也破裂了，保罗承认主要原因是他越来越多地滥服止痛片；他这样做是为了缓解慢性腰背痛，更是为了麻醉身为情感无能者的懊恼。

4）这个标签是怎样影响了我的身心健康？

保罗承认，无论自己在外人看来取得了多大的成功，内心深处仍然存在着一种不安。他从少年时代起就懂得通过抽烟来暂缓焦虑，做出一副不在乎他人眼光的模样。如今他认识到把香烟当作“铁杆朋友”的旧习已不能给他的身心带来任何好处。

5）我有义务继续怀着这有害的品质走下去吗？我不配得到快乐吗？

保罗沉浸在痛苦中太久，以至于从没想到他还有重塑生活的选择。他开始明白他对负面自我信念的接受是怎样导致了有害的心理模式，刚刚看到放弃有损身心的暗示、换上健康积极信念的可能。

6）不论这信念怎样让人痛苦，它对我有没有过任何好处？是什么样的好处？

人如果被种种自我否定的信念束缚，一般只会把它们视为对生命力的拖累，很难看到其正面价值。然而，内化的负面品质能激发出正能量，这也是普遍现象。就保罗而言，他看到自己对被人视为可怜虫的恐惧，一方面使他的亲密关系受到严重挑战，另一方面又驱使他在职业生涯中向高层次的成功迈进。他那强烈的事业心，在很大程度上源自要证明自己并非无能、软弱的心理需求。保罗现在面临的挑战在于：要重新接纳以往所压抑排斥的那部分内心真我。这就是他的情感自由之路。

7）如果取回被这种品质夺走的力量，会对我的身心健康有怎样的影响？

当保罗意识到童年时代的痛苦遭遇仍在影响他的情感状态和生活习惯——为了取得片刻畅快而吸烟、服药成瘾等等——他承认自己仍在容许早已离世的继父带给自己痛苦。他感觉受到了鼓舞和启发，因为现在他可以收回对自己身心健康的决定权，从思维、感受和行为上做出必要的正面改变了。

意义何在？

在身心疗愈中，这种识别有毒信念的练习有两个目的。一是让心中无声潜藏的误解“见光”。那些自我否定的内在信念只要没被带到清醒觉知的层面，就会不断兴风作浪。小时候，你也许曾害怕过一个“住在床下的小妖怪”，但当你鼓起勇气打开手电筒照过去时，却发现是个失落已久的布娃娃。同样的，栖居在潜意识黑暗中的心结也会在见光时失去威力——而且，通常还会有意外的收获。

第二个目的在于，你可以通过拥抱内心固有的二重性——包括所有“好的”和“坏的”部分——来更大程度地接受自己。每个人的内心都怀有慷慨和吝啬、强大和颓废、开明和狭隘的种子。承认内在的二重性使我们得以做出清醒的抉择，而不是任由潜意识捣乱。从有些公众人物频繁的自毁行为中可以看到，当我们否认阴影中的那部分自我时会发生什么。以宗教的狂热抨击同性恋的国会议员，却被人发现私下有一名同性爱人；备受爱戴的牧师以宣讲通奸者在地狱的惨酷结局著称，却被揭发出多起婚外恋；传授整体健康之道的上师有着摆脱不掉的秘密烟瘾；佛学专家在下属、家人违逆其意时大发雷霆。受到压抑的品质总是倾向于从心底“越狱”并造成伤害。

拥抱那些过去让你觉得羞耻和尴尬的品质、特征、性格，就能把消耗在压抑中的情感力量解放出来。这是因为，接受这些品质的存在，使得负面的念头与其惯有的情感回应脱钩了。它们一旦被带到清醒意识的光线下，你就不必再走潜意识反应的老路。美国前第一夫人埃莉诺·罗斯福说过：“没有人能不经你允许而使你自卑。”接受自己的二重性之后，你就能重获被他人偷走的情感力量，朝向疗愈迈出一大步。

*

情感疗愈的功课对人是很大的挑战，我要赞扬你在这条路上坚持行走的努力。我保证前方有巨大的珍宝在等着你。

识别了一直以来束缚你爱心、伤害你身体的有毒信念之后，你可以继续前进，准备揭开限制你身心健康的人生故事，彻底完成疗愈程序中的“识别”步骤。你离自由更近了一步。

第五章 发掘你的过去

你对痛失所爱的悲伤

托起了一面镜子

照着你勇敢奋进的地方

——贾拉鲁丁·鲁米

人生中唯一的恒常之物就是改变——它也是我们唯一可信任的常伴左右的朋友。然而我们往往抵制它，却紧抓着对自己早已没有益处的记忆和情感不放。就像停滞的水一样，僵化的情感也能酿成疾病。过去遗留下的有害印象会使心中爱与创造的能量停止流动。这不仅抑制着我们的快乐和热情，还干扰身体的天然疗愈力。让觉知照进那些情感的泥潭，就能使新鲜的能量流入，疏堵清淤，为疗愈和转变创造机会。

在上一章中，你通过一系列提问来唤醒内心，找到了关键的自我否定信念，也就是给人生造成伤痛的症结。下一步要聚焦于过去的经历，以促使疗愈发生。我们就像身心灵的“考古学家”一样，以发掘以往事件的遗物为目标，因为它们限制了我们立足当下、怡然自足的能力。

让你的故事重见天日

来寻求情感疗愈的人，通常都是被近期的一次痛苦经历所驱动的。这动因可以是一份自己认为与生活压力有关的医疗诊断结果，可以是一次难以承受的离婚或失业，或者是某位挚爱之人的过世、某种家庭关系的纠葛。有些患者是因为认识到自身某种不健康的习惯已恶化成瘾，于是想要找到这种自我损害行为的源头。大多数人都需要一个迫切的理由，才能促使自己投入时间和精力来寻求情感自由和心结的解除。

面对自己的身心不适，我们似乎总是需要有个说法，而通常也能找到某种解释。不管问题主要归于哪种类别——情感（抑郁、焦虑、易怒）、身体（关节炎、癌症、溃疡性结肠炎），抑或介于两者之间（偏头痛、肠道易激综合症、纤维肌痛症）——人们都会围绕这苦恼编织一个故事。以我的经验来看，即便是对于最寻常的人类疾病，比如感冒，大部分患者也不愿接受"这是由一种鼻病毒引起"之类纯粹的生物医学解释。他们会把生病的原因归结于工作太辛苦、睡得太少、吃得太差，或者仅仅是由于压力太大。

如果你去问处于病痛中的人"出了什么问题"，他们通常会开始讲述自己的故事，把导致此刻病痛的事件前前后后罗列出来。故事的主题一般是某件他们不愿遇上的事发生了，或者某件他们盼望的事没有发生。不管属于哪种情况，这事件都造成了一道没有完全愈合的情感伤口。

你通常可以明白地看出，他们在跟你谈话前已把这个故事对自己反复讲了许多遍，此时只是把之前跟自己进行了几天、几周、几个月甚至多年的无声对话对你说出来了。故事的中心是一种没被满足的需求，或者一道被侵犯的界线，它描述了情感伤害的缘由，但是在反复的诉说中，这伤口常常会恶化。《法句经》中说：

"彼骂我，打我，败我，劫夺我"，若人怀此念，怨恨不能息。

"彼骂我，打我，败我，劫夺我"，若人舍此念，怨恨自平息。

对我们的挑战就在于要识别这种产生悲愤的故事讲述，然后把它们重写成可使伤口愈合的样子。我们将在下一节开始这个过程，促使你自己的故事浮出水面。

提出关键的问题

这一步的目的在于识别那些造就你情感历史的重大事件。花几分钟做开心瑜伽和呼吸训练，以集中精神并使身体做好准备。然后采取舒适坐姿，观察自己呼吸中气流的进出，使思想平息。带着对内心的觉知，提出这个重要问题：

过去的哪些经历造就了我今日的痛苦?

从最近的伤痛开始。也许你不久前经历了与爱人分手，或丢了工作，或在一场唇枪舌剑的遗产纠纷之后与家人疏远。通过“重播”故事以及其中感受，给自己的心灵一个机会，让它把事件中的情感能量和信息带到觉知中来，花几分钟在本子里记下故事的要点，写明是什么事情、何时发生及相关人物。

识别出最近发生的痛苦经历以后，做几次深呼吸，静心，然后再次向内心发问，揭示另一段痛苦往事。“过去的哪些经历直至今日仍令我痛苦?”这个问题会唤醒回忆，使你能清楚地感知。一段往事浮现于脑海时，其他隐藏起来的更早的痛苦经历常常也紧随其后，显现出来。对进入觉知的任何回忆都要持坦然接受的心态，并把重要细节记录下来。花几分钟写出每段痛苦经历的要点。

持续进行这个回溯时光的过程，辨别那些出现过情感困扰的重要往事，直到你确实觉得已挖掘彻底。以我的经验看，如果重复该过程五到十次，大多数人都会感到已揭开了关键的痛苦往事。

举个例子，下面是一位41岁的女性黛安娜提供的往事摘要。她患有反复发作的胃溃疡，最近在乔普拉中心参加了一期工作坊。如你所见，她描述了人生中最痛苦的七段往事。

1）3个月前我得知结婚12年的丈夫在跟一个同事偷情。我痛苦不堪，现在我们已正式分居，正在办离婚。

2）6年前我发现丈夫和一名客户有过短暂的婚外情。我失去了对他的信任，但我们决定一起努力把婚姻维持下去。

3）9年前，母亲去世。我和兄长在遗产问题上有分歧，闹得很僵，双方至今关系疏远不睦。

4）14年前，未婚夫在距离预定婚礼日一个半月的时候取消了婚约。我至今对他的举动，而且还选在那样的时间感到气愤。

5）17岁时父母离婚，即将高中毕业的我因此无法专心申请大学，没能进入中意的学校。到现在我还在想，如果当时他们多等一年再分手的话，我的人生会是怎样不同。

6）读高中二年级时，我最好的朋友与刚跟我分手一个礼拜的男孩好上了。她没有直接告诉我，直到我听到传闻去找她对质。她最初咬定与他只是普通朋友，后来终于承认他们确实曾背地里调情。

7）我11岁时，父亲调动到另一城市工作，我们只好离开旧居和朋友跟他走。那是我三年里的第二次大迁移，之前才刚刚开始跟新朋友合得来。我搞不懂为什么我的生活要再一次被扰乱。

纾解心结

找出你情感痛苦的症结以后，下一步是利用更深层的提问来彻底处理每一段经历。我一再说明要把自己的身心反应用笔记录下来，而不能只是单纯地思考它们；笔记的重要性再怎样强调也不过分。经过许多年的经验总结，我确信笔记有着把伤痛从内在的潜意识调取到清醒觉知中的独特价值。这里列出了六个关键问题，我会在后面作更详尽的讲解。

1）是什么事件导致了我的痛苦？

2）我人生中这个痛苦章节的“上下文”是什么？

3）当时产生了什么样的感受？

4）有什么需求没得到满足，或者什么界线受到侵犯而令我受到伤害？

5）我忽视了什么线索？

6）我通过拒绝这些线索得到了什么安慰？

每一个问题都是为了彻底揭示痛苦往事而设计的，利用它们可以把封锁在往事中的情感能量解放出来，用于疗愈和转化。

1）是什么事件导致了我的痛苦？

讲述你的故事，从那段往事的开头一直讲到它如今对你的影响。它怎样开始？怎样展开？牵涉到什么人？有过什么样的言语，什么样的行动？只讲述可观察到的事件，像新闻记者一样给出纪实性的叙述。要做到所述内容如同一位独立旁观者所见，不要加进你的解读和评判。

让我们回到黛安娜的故事，她在得知丈夫再次出轨后着手办理离婚。虽然处于强烈的情感痛苦之中，她仍采用唤起式的发问从这次事件中获取了尽可能多的信息。针对第一个问题，黛安娜写道：

当我丈夫每星期晚归的次数越来越多的时候，我开始怀疑他再度出轨。我给他办公室打电话，通常只能接通他的语音信箱。他解释自己好几小时不回电话的理由是：正在开紧张的工作会议，脱不开身。一天傍晚我又给他打电话，他的助手接了，对我说他几小时前就下班了。

当晚他直到11点才回来，我问他班上的事情怎么样，他编了一篇巧妙的故事说自己赶上了晚间会议走不掉。我抛出从他助手那里得来的消息，他的解释变得极其荒谬，既可悲又令我狂怒。我戳破他显而易见的谎话，逼问了几个小时，他终于崩溃，坦白说已跟班上的一个同事交往几个月了。虽然他可怜巴巴地求我再给他一次机会，我知道我们已经完了。

2）我人生中这个痛苦章节的“上下文”是什么？

如果这痛苦可回溯到童年早期，你也许想不起有哪一个时期是不在它影响之下的，但大多数痛苦往事都能找到开头。想想这段经历之前你的生活是怎样的。是什么事情为这件事作了铺垫？当时情景中的那些因素是在你控制之外，而你的个人选择又以何种方式促使了这件事的发生？对往事“上下文”的认识能使你对自己在其中的角色和责任有所了解。

重要提示：探究你的角色和责任，绝不意味着为了超出你控制范围的事件责怪自己。有了经验后我们就懂得：选择会带来后果，而我们会努力做出更好的选择。回望旧事，你也许会看到，假如你当时拥有现在的见识，反应的方式会有所不同。智慧就是这样得来的。思考一段经历的前因后果能帮助你更好地理解它。带着理解，你就能取回你失去的、舍弃的、被窃取的力量。

这是黛安娜对自身情感问题上下文的发现（择其大意）：

我们第二个孩子开始读一年级的时候，我重拾营销经理的工作。每天长时间的工作令我们的婚姻关系紧张，而这关系本就因为我丈夫的上一次出轨而异常脆弱。我当时认为，由于我开始为家里贡献一份重要收入，他应当多承担一些养育孩子的职责。他表示出对这种改变的抵触，认为他的工作比以往任何

时候都辛苦，所以不该逼他对自己的生活作出重大调整。这种摩擦加深了我潜藏的怨气，使我从情感和身体上都对他疏远。与此同时，我的经济独立也使他心虚。

3）当时产生了什么样的感受？

情感也是生理性的。称之为“情感”，正是因为我们的身体能感觉到它。没有人会享受需求得不到满足时的痛苦，所以我们会把不快的感受封锁起来，藏在清醒觉知之外。这种分裂在短期内也许有保护作用，但长远的后果却是情感麻木和抑郁。许多身体上的病症——慢性疼痛、疲劳、消化功能失调等等——都是把精神感受排斥到觉知之外的结果。

为了治愈你的情感创伤，你必须认可身体的感觉。当年你回忆过往的经历和亲密关系时，也要感受身体中的变化。大多数人能体会到情感在心脏或胃部引起的反应，有时喉咙的反应最激烈。抵抗强烈不良情感的人会渐渐患上背痛、颈痛或头痛，因为这些身体痛症会比心痛容易对付。如果你的目标是消除情感创伤的残余，接纳自己的感受就是真正疗愈的一个核心部分。

在讲述你的故事时，容许伴随叙述而生的感觉进入你的觉知。在那感觉之下呼吸，随着每次呼气，让封锁在情感里的能量流通。同时，给你察觉到的每种情感定名。

这种情感标签所使用的词汇，越能简单直接地表达出你的感受就越好。像悲哀、孤独、空虚、生气、妒忌、失落、怨恨、无力这样的词是对身体感觉的准确表达。被忽视、被拒绝、被背叛、被欺辱之类则不能精确表达身体的感受，而是你对他人意图的解读。如果你采用那些会培养受害者心态的词汇，就会把自己的力量和责任都浪费掉。正如心理学家马歇尔·罗森堡在他见地非凡的《非暴力沟通》一书中所强调的：掌握使用语言的技巧，使之传达出你对自身情感的责任感，你的潜力就会恢复，可以重建有意义的生活。事实上，这也是情感疗愈的一个关键要素。

黛安娜在思考过往经历时，辨认出了身体的多种核心感受，它们是由七种痛苦回忆激起的：

1）丈夫最近的出轨：狂怒、恐惧、空虚

2）丈夫六年前的出轨：震惊、痴傻、无助

3）母亲的死以及与兄弟的争端：悲哀、失望、怨恨

4）被打破的婚约：狂暴、丢脸、狂怒

5）父母的离婚：生气、紧张、落寞

6）高中时代好友背叛：丢脸、空虚、迷惑

7）11 岁时随父母搬迁：悲哀、空虚、无力

她通过反思最近一次痛苦事件（丈夫出轨）所产生的情感，得出了以下见解：

当发现丈夫又一次与人偷情时，我实在是发狂了。我的第一反应是暴怒，我承认有那么短暂的一刻，我真的想到要买一把枪，杀了他和那女人。连续几个星期，我的感受在狂怒和悲伤之间来回转换。

最初的震怒消退之后，我注意到有其他的情感在愤怒和悲痛之下酝酿。其一是，我察觉到对自己的失望——我早就该强硬一点，与他断绝关系。还有一种感觉是我应该负部分责任，我因拒绝给予他关爱而促成了现状。最后，我感觉到虽然微渺却很真实的一点点兴奋，那是因为眼前出现了我所能创造的新的未来。

4）有什么需求没得到满足，或者什么界线受到侵犯而令我受到伤害？

一切情感源于需求。当我们对安全、信任、关注和照顾的基本需求得不到满足时，或者有人不经允许而逾越我们的情感、身体界线时，不快的感受随之产生。

我们都需要有一定的操控、安全和可预测的感觉，才能安然度过日常生活。当亲密关系、工作、住房或健康有丧失之虞，我们对世界的信任会受到打击，而恐惧、愤怒这样的原始情感会被激发出来。当某种你认为处于自己影响范围内的东西不经你允许而离去，或者某种不想要的东西侵入你的领域，你的自我感觉就会被扯开一个口子，生命能量便跑了出去。这种对自我界线的伤害会产生苦恼的感受。

看看你能否想出自己所处的境况如何没能满足你的需求，或者如何触犯了你的自我界线。看看你能否认清，当发现原本以为属于自己的东西（例如一份工作、一段恋情或一件财物）不再是自己的，或者本以为无关己身的东西（例如一桩官司、一项诊断或再婚家庭的糊涂账）降临到自己头上，痛苦是如何由此产生的。

如果认识到，你的痛苦是从不被满足的需求而生，你就有希望弄明白怎样可以有意识地获取满足。如果认识到，你的痛苦是界线被侵犯的结果，你就有希望解决将来怎样在生活中建立良好界线的问题。如果认识到，你无须永远让过去左右你的未来，你就可以脱离受害者的状态，走向情感自由。

黛安娜从“得不到满足的需求”角度反思自己的痛苦往事，做了如下记录：

当我在这样的“上下文”中审视自己的痛苦时，最先想到的是，我对信任的需求被伤害了。我过去总是幻想：等我结婚了，丈夫一定也是我最好的朋友。但六年前发生的那次背叛击碎了这个想法。除了对信任的需求，我还意识到，多年来我对关注和亲密的需求也没得到满足。我丈夫似乎永远在为工作的事情分心，而我也为养育孩子全力以赴，以至我们之间没剩下多少可以分享的东西了。当我得知属于我的那份亲密被他给了另一个女人，顿时觉得心里撕开了一个洞。我真的认为我们的婚姻是死于“关注匮乏”。

5）我忽视了什么线索？

人们倾向于在当前生活中重新创造旧日的情境，它们强化着先前的信念和模式。“熟悉”有着稳定情感的力量，即便其中的实际心态并不健康。举例来说，在酗酒者家庭中长大的孩子，常常发现自己对畅饮无度的异性情有独钟。惯于压抑情感的父母养育的孩子，常常选择有着类似性格特点的配偶。如果父母控制欲强，子女往往被喜欢替人做主的异性吸引。

我最近劝导过一位在重症监护室上班的护士，她所述说的成长经历十分动荡。自幼父母离异，她在父母的住处之间来回奔走，而双亲各自又经历了与一长串伴侣的分分合合。她一再被卷入大人情感冲突的“火线”，大吵大闹的场面早已司空见惯。

她来见我的主要原因是无法忍受的偏头痛，通常在她歇班的第一天发作。除了身体上的病痛，她还承认，一旦离开争分夺秒抢救病危者的现场，就会觉得情感上空虚乏味。在她的亲密关系中，冲突不断已成了惯例；而且她注意到，尽管工作中压力极大，但在歇班的日子里反而与配偶争吵得更加频繁。就好像她的情感底线被设置在了如此高强度的水平，以至于当她不置身于一场危机之中时，反倒不认识自己了。只有察知这种情感模式的存在，她才能切实解除自己的头痛之苦。

我们都倾向于营造使过往经历重演的场面，如果你理解了这种模式，并把它带到觉知当中，你就获得了一个机会，可以有意识地选择不一样的生活。带着更强的觉知，我们开始能够在线索刚刚显现的时候就认出它们，而不是被懵然无知地扯入痛苦的处境。我时常听到人们在结束一段亲密关系时这样说："我从一开始就知道这个人不适合我，可我不断忽略那些征兆。"我们设置"我忽视了什么线索"这个问题，是为了增进你对自己的了解：你内心所知道的可能比你愿意承认的要多。可以更进一步提出的问题是："有什么是我明明看到却不愿意看到的？"利用你过去的痛苦经历来锻炼这种洞察力，可以防止将来重蹈覆辙。回望必然要比前瞻看得更清楚，但从经验当中学习正是我们获得智慧、自信乃至情感自由的必经之路。

当黛安娜问自己曾有意忽视过哪些线索时，得到了如下的发现：

我丈夫在他的第一次婚姻中就曾有过几次不忠，我是知道的，却把他过去的行为归因于不成熟。他与我结婚后，最初的四年是充满激情、如胶似漆的，但我刚一怀孕他就变得疏远了。我

们开始较少亲昵、更多争吵，两个人谁都显得不太开心。而他第一次出轨时我已很认真地考虑离开他，只是因为害怕离婚对孩子们的不良影响，我才决定维持这段婚姻至少到子女长大。

经过六个月的心理指导，我们建立了新的生活节奏。他专注于事业，时常表示要赚足够多的钱，使我俩将来都不必工作。他频繁出差，在外面时一般都很主动地给家里打电话，但偶尔也会几小时联系不上。

他最近突然开始热衷于去一家健身俱乐部锻炼，每周要去几次，他的解释是这能驱散工作中的压力。他还频繁地用手机发短信，有几次我想从他背后瞟一眼他在写什么，而他几乎是反射性地拿开手机，我这才担心起来。

每当这些时候，我心里都有两个声音说话。一个说："经过了上一次的事，还有他为了求我留下而做出的承诺，现在他不会傻到要不顾一切再犯错了。"另一个说："如果他真傻到再去偷情，我也懒得为此大动干戈了。"

6）我通过拒绝这些线索得到了什么安慰？

人是拥有多个维度的生命体，所以有些时候，自身之内的不同部分会打起架来。比较理性、睿智的那部分自我想要减肥来改善健康，而较为骄纵、幼稚的另一部分自我只想吃掉那块美味的草莓蛋糕。热衷开创新局面、寻求冒险的一面想辞职和自主创业，而保守的另一面则警告你呆着别动、保住在大公司上班的铁饭碗。纵然有万千迹象表示，我们与其容忍令人头痛的现任配偶，不如把爱投给另一段恋情，而感性之心却擅于忽略和否定这些理由。提出“通过拒绝这些线索得到了什么安慰”这个问题，可以驱走一部分执著的迷雾，让你在追求情感自由的路上更加坚定。

黛安娜认识到，虽然她的婚姻不是情感养料的可靠来源，她以前却愿意将之维持下去，这一方面是为了孩子，另一方面也是因为觉得离婚会使她背上超负荷的责任。她写道：

戴上婚姻稳定的面具，使我在工作中得到了好处，许多同事都对我婚姻、养家、工作三不误的能力赞不绝口。我也不愿意惹来母亲的反对。我意识到，我一直以来都用大篇道理来说服自己不去摇动婚姻这只船；也许更确切的说法是，我是多么不情愿承认这只船已经在摇动不休，而且眼看就要倾覆。

通往自由之路

对于亲密关系，我信奉“分形理论”，即一段关系在其自始至终的发展中将会呈现的一切，其实早在双方初遇时就已了了分明。虽然在我们与他人建立感情连接的过程中倾向于忽视显而易见的线索，但在回溯时，我们通常能够看出，其实有些迹象从一开始就已经在那里了。

反思你有过的一段不成功的亲密关系。取一张纸，在中间画一条竖线。左半边列出你喜欢对方的哪些品质，右边列出你不喜欢的。现在你既有时间从容思考，又有亲身的体验，再次审视那些所谓的负面品质，看看有哪些是你当初已经看到，却不能或者不愿承认的——由于渴求与另一个人建立连接，使得你与自己内心的连接变得模糊了。

思考这个事实：我们每个人身上都拥有愿意展现给世界的品质和尽量不予示人的品质。观照自身，可以看到那些被你埋藏在阴暗中的品质并没有消失，它们只是转到“地下”起作用而已。

健康的亲密关系，不会也不能要求人们只有好的一面。它要求我们对自身光明的一面与黑暗的一面都要承认，并且努力使之整合。这才是造就完整人格并获得安心的途径。

叙写自己的故事

读者很容易有这样的倾向：阅读这本书中的故事，了解别人如何从痛苦中走出来，然后相信自己这样就已经获益了。但我的经验是，单纯在脑海中对治情感问题，不如多花些时间把你的想法和感受写下来“疗效”更好。故事一旦落在纸上，那些痛苦的情感经历就好像松开了紧抓在你心上的魔手。

现在请用心审视你的每一段痛苦经历，然后把你对六个问题的回答写下来：

1）是什么事件导致了我的痛苦？

2）我人生中这个痛苦章节的“上下文”是什么？

3）当时产生了什么样的感受？

4）有什么需求没得到满足或者什么界线受到侵犯而令我受到伤害？

5）我忽视了什么线索？

6）我通过拒绝这些线索得到了什么安慰？

写下去，直到你对每段经历再没什么可说。如果你觉得还有更多可以揭示的东西，却有无法触及之感，就再做一遍开心瑜伽和呼吸练习。有时候，保持下意识自我回溯的状态起身散步，可以把潜藏的回忆释放出来。以你平常用不惯的那只手来书写，也可能带来意外发现，这是因为你开发了不同的脑区，它可以取回你埋藏已久的记忆。坚持回溯，直到达成目的。当你把痛苦往事带到觉知的亮光之下，那些一直紧紧缠绕着你的伤痛、怨恨和懊悔就开始松动，使你向着自爱、安心的目标又近了一步。

*

这样，“识别”的步骤就结束了。经过你的勤奋努力，那些一直束缚着你的快乐和健康的有毒信念和痛苦经历，现在已被你发掘出来，观照清楚。在进行识别之时，你就已开始把情感毒素从身、心、灵当中转移出来。

下一章将帮你完成“调动”过程，并走向第四步“释放”。虽然这个过程中有很多挑战，我仍要鼓励你坚持前进。情感和身体的疗愈离你越来越近了。

第六章

释放你的痛苦

伤心人有什么共同点？

他们似乎都为过去建了一座庙宇，

时常去做奇怪的哀号和祭拜。

快乐始于哪里？

先把往事从祭坛上拿下来。

——哈菲斯

如何放下过去的伤痛？这对追寻情感自由的人来说是个核心问题。尽管你不缺乏释放痛苦的意愿，那份痛苦有时却好像不愿意释放你。如果你遵循这本书的步骤来到此处，那么你现在已准备好把自己的心从情感的牢笼中解放出来了。有意识的肢体运动、激活能量的呼吸练习、基于直觉的自省，帮助你做好身心准备，识别并疏导了狭隘信念、伤心经历的毒性残渣。现在是时候彻底拔起并释放掉锁在你心里的痛苦负担。

“放下”并不意味着你将丢掉记忆或忘记教训，而是指从你的身心中清除溃烂的旧创，使其不能再阻止你带着自由和洞见去生活，去爱。

排出你的痛苦

这些拔起和释放步骤的目标是让你把痛苦发泄出来，而又不伤到你自己或身边的人。第一步是与某人分享你的故事，他（她）只需带着慈悲倾听，而不试图“解决”你的问题。如果有好友或者你信任的家庭成员愿意为你的身心疗愈之路提供助力，就是最理想的人选。

如果你一时找不到这样的人，那么希望你找一位心理咨询师、治疗师或教会人员来为你扮演这个角色。把你的故事说给一个能带着仁爱倾听，却不会把令你受苦的责任揽到自己身上或试图“拯救”你的人，其中的意义不可限量。我在工作坊的二人配合练习中总能观察到：一个关怀着你的普通人起到的作用，不比从事心理治疗的专业人士差。不过，如果没有人能来分享你内心深处的故事和情感，我会引导你做一种观想练习，一样能达到上述目的。这个步骤的关键部分在于要把你的故事变成言语表达出来。此前我们用笔来写，是为了识别和触动有害的情感残渣。再把故事说出口，就可以完成疏导疗愈阶段，开启释放过程。

分享你的故事

“坦白”是心灵的良药。你留在心里的那些痛苦秘密会化脓、淤塞，滋生悲伤。你的内心世界和外在世界彼此映照，要在生活中获得自由，就必须在心中创造自由。为了从自我否定的信念中解放，你必须敞开心胸，把一直以来束缚着你、使你孤立自闭的痛苦释放出去。

有不少病人在分享年幼时自我界线遭到侵犯的故事时告诉我，他们以前从未向别人说出这秘密，这类案例出现的频繁程度令我吃惊不已。受到非礼对待的孩子，无一例外会感到这种侵犯是不对的，却经常选择对家长隐瞒，这往往是出于难以说清的原因。他们可能会担心大人不相信自己的话，或者害怕说出来的后果，又或者是以为自己负有部分责任而感到自责。当然，有时候他们还会受到施暴者的蓄意恐吓，但即便没受到明确的威胁，孩子们也常常用一堵沉默的墙壁把自己的痛苦和羞耻感封闭起来。

可叹的是，幼年受过伤害的人在建立亲密关系的过程中常有诸多不顺。他们察觉到内心所受的伤害，不敢把这软弱的一面示人，认定自己与常人不同，必会被他人嫌弃。如果你对这种心理模式感到共鸣，那么你想重回生命的爱河，就要先让这恶性循环停止。

借助于一位倾听伙伴

如果有人愿意作你倾吐苦衷的见证，那么有一条大原则要让他（她）知道。虽然大多数人并非生来就是优秀的倾听者，但这种事一教就会。向你的伙伴解释，支持你的最佳方式就是遵循以下的简单规则：

第六章　释放你的痛苦

在我讲述自己的故事时，你只需用心倾听，而不要试图帮我解决问题，这样对我的帮助最大。

这一步的目标是使内心对立的情感松动并开始释放。带着不需要为自己辩解的心态讲自己的故事，效果最好。所以，寻常谈话中会发生的那种反馈，我们在这里要暂时搁下。不论你是在向一位朋友袒露心事，还是自己一个人练习诉说，都以“不被打断地陈述”为原则。

把你的个人故事放在更大的人类生活“剧情”的上下文中来看，会使你放开眼界，不再误以为命运唯独对你残酷，从而减轻你的痛苦。我们在处理自己与这个世界的关系时面对着共同的挑战，这些难关构成了各民族文化中神话传说的原材料。单恋、嫉妒、背叛、沦丧、攫夺、忽视等等人类核心主题，是那些千古传述的故事中的基本元素。希腊神话、罗马神话、莎士比亚的悲喜剧、《圣经》中的故事、吠陀教的传说，以及电视肥皂剧的剧情，都在提醒我们：个体的悲剧是“人间苦难”这个普遍主题的变体。你我的故事都是生命与爱之长卷中的纤维，我们的痛苦和救赎为它染上了色彩。

现在就要用语言来把你的故事表达出来——把你在前几章中通过直觉自省揭示的那些细节告诉另一个人。取舒适坐姿，与你的倾听伙伴坐在一起，分享你生命早期的痛苦经历，包括你写进笔记的各方面内容：

1）说出这次痛苦经历的前因后果（上下文）。

2）说出因这次经历产生的一切感受。

3）说出你未被满足的需求。

4）说出你本可以看到、却刻意否认的线索。

5）说出你通过逃避得到了什么安慰。

在从这五个角度分享完你的故事之后，请你的伙伴用下面的三句话来回答你：

谢谢你和我分享你的故事和感受。

我为你经历过的痛苦感到难过。

我愿意把我的爱当作药，来治疗你受伤的心。

用这样的步骤，与对方分享你从过去发掘出来的每一段痛苦经历，并且每完成一次五个方面的分享，都请你的伙伴用上面的话来回应你。用这种仪式化的方法来表述痛苦，听起来也许有些做作，但我仍要鼓励你照做。我见证过这种方法的力量，所以希望你能亲身体验它的好处。

观想你的内在疗愈者

如果你要单独进行这个过程，那么先花几分钟时间，用呼吸练习和冥想来静心。凭借想象的力量，看见自己正待在一个安宁美丽的地方。它可以是一段草木蓊郁、下临翠谷的山脊，一片水碧沙白的热带海滩，或是古老森林中的一眼天然温泉。

抵达你心中的这片圣地以后，再想象一棵气势雄浑的智慧之树，根系深透大地，枝叶摩挲天空。你看见一位爱与慈悲的化身坐在树下，可以是宗教形象，如耶稣、摩西、佛陀或克利须那，也可以只是一位睿智的老人，甚至可以没有肉身、只有一团光。想象自己坐在这位圣者座前的景象，让他的静定填满你的心。

像对人类朋友诉说心事一样，把使你痛苦的经历和往事对着这位圣者说出来。想象这一切时要闭着双眼，放声诉说，就像亲身与那人对谈一样。

每说完一个故事，想象你的内在疗愈者以这三句话作答：

谢谢你和我分享你的故事和感受。

我为你经历过的痛苦感到难过。

我愿意把我的爱当作药，来治疗你受伤的心。

人性的袒露

与他人的亲昵和分享对身心健康至关重要。我在职业生涯早期曾在一本人类学杂志上读到题为《巫术死亡》的文章，里面描述了某些文化中对于触犯部落重大条令之人的处罚：由萨满或巫医宣告犯法者“死亡”；自此刻起，全部落的人都拒绝与他接触。有多例纪录显示，这种全然孤立的压力曾致使犯法者在几日到几周内真的死去。他们实实在在地死于孤独和恐惧。正如这篇文章所强调的，大多数人都需要与他人亲近才能活得生气蓬勃。

你的情感心理是数百万年进化经历的表达。我们的祖先为了使血脉存续，不得不适应持续变化、危机四伏的环境。由于人类在体格上弱于大多数掠食者，我们学会了聚集起来，结成家庭和部落，增大自己在凶险世界里存活的希望。通过这些社会关系，我们学会了如何使个人需求得到满足，同时支持群体中的其他人得偿所愿。生存依赖于对个体需求与部落需求之间一种微妙平衡的维持。这种界线管理自古以来都是人类面对的重大挑战。

当你经受过因需求得不到满足或者界线被侵犯而生的情感痛苦时，你与他人总体上的联结感受到威胁，导致焦虑、失落和抑郁。伴随这些心理状态而来的生理变化播下了身体疾患的种子。然而，只要弥合破损的界线，在健康的关系中重建联结，身心就可以痊愈。

爱的牵系对于人生各阶段的疗愈都具有至关重要的作用。早产儿如果得到充分爱抚，就能发育得更快；得过心肌梗塞的病人如果感受到配偶的爱意，能够促进复元；在有爱的环境下，身患自体免疫疾病或癌症的人也会显示出较为健康的免疫反应。事实上已有多项科学研究证明，与亲爱之人的互动是维系身体健康的关键因素。

把握痛苦的本质

疗愈之路的下一步，是要对你的痛苦故事加以“提炼”，准备释放它们对你人生的不良影响。为了做到这一点，我们需要用到来自古印度吠陀教传统的一个有力概念——“经”。随着疗愈过程的推进，我们有必要了解何为“经”、其中有什么道理，所以先来突击一下历史知识，看看“经”的本质和目的。

智慧的传承

在人类发展出书写能力以前，各种各样的智慧传统都是靠一代代人口头传述来继承的。几千年前吠陀教的智者们采取的知识传授方式被称作“经”，它来自梵语中一个读作“修多罗”（sutra）的词，意为“线”或“缝起”，也是英语中意为“缝合、绑扎”的 suture、ligature 二词的由来。

在吠陀教传统中，一条“经”是指凝聚着深邃思想或典故的一个词或一句话。弟子们可以背诵经文，并透彻领悟其中蕴含的智慧。比如，帕坦伽利所著经典《瑜伽经》中有一条经文——“瑜伽即心意之中念头的逐渐平息”，全句以梵文写出来只有三个词，却涵盖了瑜伽的全部哲理。为这短短一句话，后人写了连篇累牍的论文来阐释它的涵义，提供各种各样的解读。

那么“经”与情感疗愈有什么关系呢？那条拴住你痛苦的回忆、想法和情感，使你被过去所束缚的线就等于是“经”。疗愈过程中这一步的目标就在于，辨认出把情感伤痛“缝缀”在你生命中的那条心理之线。为了识别你情感世界中的“经”，要再次回到你在第五章中通过“过去的哪段经历造成了我今日的痛苦”这个问题唤起的痛苦往事。你已与倾听伙伴分享过这些故事，讲述过当时的事件、它们带来的感受以及对你的自我感觉和亲密关系的长期和短期影响。重读你当时写下的笔记，为每段痛苦经历找一个词或短句来做它的“经”。不妨把这些词或短句视为章节的标题——只要看一眼，心中和脑海中就会马上浮现出它们代表的往事。

我最近曾为一位年轻女性提供指导，她的故事也许能帮助你理解寻找“经”的过程。安妮身患慢性疲劳已有几年了。虽然她如今有一份美满婚姻，对四岁的女儿也很疼爱，但只要进行日常活动超过一小时就会疲惫不堪。不论常规医生还是替代性疗法的治疗师她都看过不少，得到的病因诊断五花八门（包括补牙填充物汞中毒、食物过敏、脊椎错位、阴虚等等），而生活质量日渐恶化。

在进行疗愈时，安妮回溯了年幼时凶暴的父亲伤害母亲和姐姐的记忆。当时她即便年纪甚小，还是挨了不少揍；她记得曾在父亲下班回家时蒙头躲在床上，希望不要被父亲发现。

她回忆起那些年所受的身心虐待，触及残留下来的伤痛、愤怒、孤独和恐惧，都是她多年来深深埋藏在潜意识中的。安妮发现，能一语概括她童年经历的词是“风中残烛”，表达了深深的无望：她的生命是如此无关紧要，别人一口气就能吹灭。这就是“经”的精义了——用一个词或短句来捕捉更广阔的人生故事。

逐一重读你最痛苦的七段经历，辨别把痛苦记忆缝缀起来的关键字或短语。全部重读完毕之后，你就找到了七条“经”，它们代表着心灵疗愈过程中的重大阻碍。

放松有害信念的束缚

为了完全做好释放痛苦的准备，看看你在第四章中通过直觉式自省发现的七个（或更多）负面特点。再次请你的倾听伙伴参与，并给他（她）如下指示：

1）我要向你说出我的一个特点，它一直让我耿耿于怀，并觉得自己缺乏价值。

2）我把这个特点告诉你之后，请你把它映射回来（mirror back）给我。

3）然后我会把这个不可爱的品质再重复一遍。

4）你再次把它映射回来给我。

5）然后你对我说："你有这种特点并不妨碍我爱你。"

为了帮助你理解这个过程，让我们来假想：你对自己的负面认识之一是"邋遢"。闭上眼睛再思考一会儿，想想这个有害的信念是如何影响了你的生活。然后握住你倾听伙伴的手，彼此对视，进行如下对话：

你说：	我是个邋遢鬼。
你的伙伴映射回来：	你有时确实邋遢。
你重复：	我有时确实邋遢。
伙伴映射回来：	你有时确实邋遢。
	……不过，我还是爱你。

用这种方式把你识别的每个负面特点都操作一遍：说出心结，接收反馈，再说一次，然后迎接伙伴的再次反馈和对

你的无条件接受。如果第一轮做完后，你觉得哪个特点在你心中仍有残留的情感负担，就重复上述过程，直到把所有负面信念的负担摆脱干净。通过这种坦白练习，你会发现，那个不可爱的品质或自我否定的信念松开了对你的束缚。你通过有意识地去“拥有”那个品质，驱除了原来的尴尬和脆弱。

观想你的内在疗愈者

如果你要独自进行，一样可以借助自己的想象力来获益。还是先通过观照呼吸、冥想来静心，然后想象你心中的圣地和慈爱化身的长者。想象你向他坦白诉说，通过自省发现的负面特点，然后得到他无条件的接受。

闭着眼睛放声说出每一个特点，观想神圣的长者向你反馈。听他表达对你所谓缺点的包容和无条件的爱，而这正是因为你不畏惧承认你拥有这样一项品质。说出并且接受这个品质，直到你不再受到它的束缚。

从肌体中释放

你的身体也就是你潜意识下的精神，用一种超越语言的代码来储存记忆。情感中携带着能量与信息，你可以通过关照身体产生的各种感受，来与这些能量、信息接通。美国作家汤姆·罗宾斯在他的小说《吉特巴香水》中写道，人生只有两个魔咒：美味和恶心。它们是心灵所用的魔咒，用来通知我们当下有哪些需求被满足了，哪些没有。人类的思想总喜欢忽视情感伤痛，直到它累积到再无法被漠然置之的地步。

你已通过直觉自省触及旧日累积的痛苦，并在伙伴或观想的帮助下开启了释放过程，这就为下一步的肌体释放做好了准备。我在下一节中要与你分享的过程对于人生的质变有着关键意义，能使你从旧的模式向新的可能性飞跃。再强调一次，光看书无法达到亲身实践的效果。你不一步一步践行的话就得不到所有的裨益，所以我鼓励你做下去！

开列清单，反复核验

我们来复习一下。如果你一直跟着书里的进度实践，现在应已找出了七段含有你痛苦回忆的经历，以及七个限制你价值感的自身特点或信念。把它们列在一页纸上，以便看到一直以来主宰你情感生活的往事关键词。比如像下面这个样子：

痛苦往事

1）丈夫最近的婚外情：背弃

2）丈夫早先那次婚外情：背叛

3）母亲的死：空虚

4）破碎的婚约：天旋地转

5）父母离婚：无力

6）高中好友反目：难堪

7）11 岁举家迁居：被忽视

恼人缺点

1）邋遢

2）没用

3）丑

4）依赖

5）傻

6）自我中心

7）不可爱

下一步：另取一张干净的纸，把能够概括你内化的痛苦经历和信息的七条“经”写出来。接着再写出你识别的七个缺点。这是一种对人生苦难的提炼——将你全部的挣扎浓缩成一页纸上的十四个词或短句。

现在一切就绪，你可以开始进行最后的释放仪式了：向你的心灵、思想、身体、灵魂宣告，你愿意并准备好抛弃这些信息一直以来加在你身上的痛苦负担。现在是时候清除心灵疗愈的障碍了。

释放仪式

作为你自己人生剧本的作者，你需要头脑清晰地写下一个新故事。这种仪式旨在向世界也向自己宣告，“旧的一章结束了，新的一章正要开始”，在旧故事的剧本上写一个大大的“剧终”。你的代价已付清，现在该开始疗愈了。

首先你需要在家附近找一个有自然环境的地方，使你可以独处、不分心。理想的场地是海边或者湖边，其他适合的地方包括山脊、河岸、草场或树林的边缘等等。关键是要找到一片开阔空间，使你可以独自面对自己的思想和感受，而不必担心有人盯着你看。

找定一处让你觉得舒服的自然环境之后，专门腾出几个小时来，以便你能完全集中精神在释放仪式上面。

操作程序

闭目静坐几分钟，吸纳周遭的声响、知觉和芳香。确定你选择的地点合适之后，捡来至少十四块石头，它们将充当你释放的媒介。

站在大海、湖泊或草地边上，闭上眼，把第一块石头贴在胸前。脑海中生起第一条概括某段痛苦情感经历的“经”，容许那段故事再播放一遍，同时用意念让痛苦的感受“载入”胸前的石头。这一步通常要花十分钟，其目的在于把你故事当中的情感负累与事实剥离开来。

当你感到石头已经“载满”了你的痛苦，使出所有的力量把它扔出去。用最高的声音尖叫、呼喊或咒骂，以帮助排出你长久以来携带的情感毒素。此时唯一的约束只是要确保你不会弄伤自己。

扔出第一块石头以后，观照内心，感受此刻的情感。如果泪涌出来，就让它无拘无束地流吧。当你感到精神凝定下来以后，再让概括第二段痛苦往事的“经”在觉知中生起。取另一块石头贴在胸前，如前所述，在脑海中回放当日的痛苦景象，把其中的伤感怨恨注入石头。重温往事十分钟后，把石头抛进你面前的海里、山谷里或别的什么地方，用身体动作和叫声来促进释放。

继续这个仪式，直到你处理完七段最痛苦的经历。大多数人会在逐一释放的过程中感到越来越轻松，但并不能因此就想“好吧，我懂了”。然后在下面的步骤中偷懒，把石头随手丢出去。为了达到最大程度的释放，你必须为每一段回忆做足全部步骤，即便感觉疲惫也要坚持。别对自己的幸福“缺斤短两”！这是你争取情感自由的关键机会。

释放不良信念

接通并释放了痛苦经历的情感负担之后，以同样方式逐一处理你的不良信念。拿一块石头贴在胸前，脑海中生起第一个关于自己的负面品质或信念。回顾编织在这种品质周围的人生故事，用意念吸取痛苦并转移到石头里。当你感觉到那些情感与故事已经分离，就鼓起激情抛出石头，要充分调动自己的身体和声音。耐心回想、剥离和释放每一个负面信念。

通往自由之路

在每一场工作坊中，有些事是我要求每一位参与者坚持做到的：不缺席，敢承当，诚实，用心，表达，多活动，多舒展。我对读者也要求同样的事。现在该行动起来了。拿起你的痛苦经历与不良信念的清单，开始做释放仪式吧。为了心灵的自由，抛掉所有的石头。

释放仪式做完后，要悉心照顾自己，在这一天剩下的时间里尽量放松，让身心“消化”你所经历的一切。安住于新的状态。许多人在释放仪式后精神振奋，但感觉筋疲力尽的状况也常有。熟悉事物能强化人的自我感觉，即便是不良的思维与感受模式。所以如果卸下负担的你开始怀疑：**如果把以前反复纠缠的那些故事都扔掉了，我还是我吗？**请你放心，当下这份空虚感将很快被流入的爱、活力和使命感填满。多休息，听听让人心境安详的音乐，泡个热水澡，为你迄今在追求爱之自由的道路上做出的精彩努力喝彩吧。

*

你现在已跨过疗愈的门槛，不会再回到以前心灵囚禁的状态里去了。把自己从往事和不良信念的束缚中解放出来以后，你心里清出了空间，可以让更多的爱、美以及满足感进驻了。在阿育吠陀的体系中，这就是最能获益于休息和复元的状态。你已清除来自过去的情感毒素，现在可以用更丰富的爱和能量来为自己补充营养了。

第七章 以爱回春

哪里有恨，就让我在哪里播种爱。

——圣方济各

在印度的古代圣书《羯陀奥义书》中，一个名叫那启凯多的男童，因为在一场公开祭祀中使父亲难堪，令气急的父亲脱口说出："我要把你献祭给死神！"那启凯多坦然受逐，用自己的冥想技巧来到了死神阎魔（Yama，the King of Death）的宅第。

死神的侍者告诉他，由于最近世上闹了一场疫病，阎魔去接引亡灵，几天内不会回来。于是那启凯多在死神门前静候，内心全不动摇。三天后阎魔归来，手下告诉他，有个男孩等在他门前，而且表现出罕有的沉着。阎魔把那启凯多从静定中唤起，为门人不懂待客之礼而致歉，并提出要满足他的愿望作为补偿。那启凯多立即提出，希望能在回到阳间的时候得到父亲的宽恕。阎魔让他放心：父亲一旦看到他好端端地复活，就会无条件地原谅他。

这个古老故事里有一个伟大的启示：我们可以通过宽恕来达成情感自由。怨恨、悲痛和遗憾会扰乱内心的平静，使我们无法充分活在当下。古埃及关于阿努比斯的神话中也含有类似讯息：这位死神会在人死后迎接亡灵，然后用一根象征公正的羽毛来称量亡者的心。如果心比羽毛还轻，此人便可升天永生；但如果这颗心因怀有怨愤和遗憾而变得沉重，就会被怪兽阿米特吞掉。

走向宽恕

当我们因某人的行为而感到痛苦，会很自然地进入一种围绕怨恨的内在对话。头脑会一遍遍“重播”我们受伤害时的情形：妻子背叛了我。父亲打破了我的信任。搭档的表现真让我失望。带着怨气的心声使得身体和思想都不得安宁。佛家的《法句经》教导我们，从内心纠缠的不良对话中解脱出来是何等重要：

> 于此世界中，从非怨止怨，唯以忍止怨，此古圣常法。
>
> 彼人不了悟，人身难久存；若彼等知此，则诤论自息。

若有人伤害到我们，在探究其行为的成因时，如果能认识到他们的做法反映着他们长久以来的人生经历，会有助于我们理解。人们有些时候会做出有损他人的举动，里面都有原因，尽管未必是说得通的原因。大多数情况下，他们做出这种举动是出于无心：在当时的觉知水平下，他们没有能力想出不伤害别人就能满足自己需求的办法。即便是那些看起来最不可理喻的、由可怕暴行造成的惨剧，一旦放在长远因果的上下文中，就会容易理解得多。来看看下面的事例。

有个男孩经常挨父亲的打。他有两个兄弟和一个姐姐死于童年。14 岁那年父亲去世，18 岁那年母亲也离他而去。他在学校里成绩不好，20 岁时已无家可归。他就这样在孤苦和愤怒中长大。他叫阿道夫·希特勒。这样想象应该并不过分：假如在早年的人生中获得更多的爱和扶助，他日后可能不会犯下那么灭绝人性的罪行。

另一个男孩尚在娘胎中就失去了父亲，几个月后，他的哥哥也死了。母亲曾试图冲到一辆公共汽车的轮下自杀，但没有死成，悲愤之下用拳头猛击自己的肚子。据说她当时喊道："我丈夫和孩子都死了，我怀着这个东西还有什么好处？"儿子生下来了，她一点都不想管，便把他送去跟一个叔叔生活。他是萨达姆·侯赛因。与前面的例子一样，不难想象，假如他的人生以不同的方式开始，他日后未必会成为一个致成千上万人死亡的残忍独裁者。

当然，我们都要为自己的所作所为负责，而且有些人尽管也在备受虐待或孤苦的环境中长大，后来却成就了伟大的善业，这种例子也是很多的。我们的未来并非一定要由过去来定义。然而，理解他人的人生经历，有助于我们走向宽恕；

若想获得彻底的疗愈和爱之自由，宽恕是必不可少的。

从往事中建立理解

从生活当中选出一个与你的痛苦感受有关联的人，可以是你的前任配偶、暴君老板、凶恶继父或后妈，也可以是辜负过你信任的好朋友。用心想一下你与这位痛苦制造者以往的相处情况。为了使你的心从怨恨的束缚中解放出来，请把关注的焦点从“你的遭遇”转移到“带给你痛苦的那人当时处于什么生活状态”上面。

从记忆中搜索你所知道的关于这个人的人生片段，开始编写他（她）的“传记”。这一步的目的是为了理解，这个带给你痛苦的人当日何以会做出那样的事。把你知道的细节写下来，然后凭借想象填补其中的空白。这里有几个问题供你参考：

- 你对此人的父母（或养育者）的身心健康有何了解，或者你猜测会是怎样？
- 这个人的出生，是其父母有意选择并得偿所愿的结果吗？
- 这个人在幼年和童年受到了什么样的对待？
- 当年的家庭成员和同龄人对他（她）怎样？

耐心地一点点串起这篇传记，会帮助你理解他（她）是如何养成了这种会对你（很可能还有他人）造成伤害的性格。

蕾切尔的故事

蕾切尔是最近一次“爱之疗愈”工作坊的参与者，此前她对继父杰克一直怀有极大的怨怒，因为年幼时曾在他手中饱受身心摧残。多年来，她被两大健康问题——肠道易激综合症和纤维肌痛症——弄得痛苦不堪。她多次求治于胃肠病专家、风湿病专家、理疗师、中医师，疗效却都有限。抗抑郁药和安眠药让她的日子好过了些，但副作用使体重增加、注意力难以集中。与伴侣的关系也一样不顺心，因为她选择的男人无一例外会看穿并进一步强化她的自卑感。

在工作坊中，蕾切尔针对自己的痛苦故事，一步步做完了识别、疏导和释放痛苦的仪式，但还是能感觉到当年所受侵犯的残余伤痛。她说：“我觉得心里有个洞，生命的能量在从那里漏掉。”

对于审视继父的生平、为他的行为找一个解释的想法，蕾切尔最初是排斥的。“那人就是个怪物，”她说，“我永远不可能理解他当初为什么那样对我。”不过，由于之前所有试图改善病情的努力都以失败告终，她逐渐改变想法，对这种建立理解的过程愿意至少试试看了。在我们的支持和鼓励下，她开始唤回关于杰克生平的断断续续的记忆——都是她内心中埋葬已久的信息。她还鼓起勇气给母亲打了电话，发掘更多关于杰克的细节。

在与母亲的对话中，蕾切尔了解到，杰克的父亲酗酒成性，动辄打骂，后来更彻底抛弃了家人。童年时的杰克身材瘦小，在纽约昆斯区长大的过程中常挨别的孩子欺负。他在参军前不久结了婚，外出执行任务的时候却得知妻子有了外遇，并打算跟他离婚。杰克在部队服役时就开始大量饮酒，退伍后继续借酒浇愁。

随着继父的悲惨生活从阴影中浮现，蕾切尔忍不住为纠缠在他的、母亲的和自己人生中的痛苦而落泪。透过这份理解，她开始感觉到心中生出了前所未有的点滴宽恕。又过了些时候，她看得更清楚了：继父的虐待与她是什么样的人毫无关系，而是一个满心充斥着痛苦和自轻自贱的男人的绝望表达。杰克的心是一面扭曲的镜子，而蕾切尔不再从这面镜子里看自己了，她开始着手修复自我价值、身心健康以及爱的自由。

从想法到行动

在审视他人故事的过程中，随着理解的建立，你会感到慈悲的种子在心里萌芽。无论谁做出破坏他人生活、制造苦难的举动，都是不可接受的，但若你能认可“人们就其当下可用的资源而言，已在尽最大努力生活”这种理念，有助于你从自身情感的困境中解脱出来。

在发掘了导致你痛苦的那个人的生平、并对其行为有了更深理解之后，你就可以进行下一步了。先用几分钟时间做一套开心瑜伽体式和呼吸练习，使身、心、灵的觉知同步。然后取舒适坐姿，闭目观心，问自己如下的问题：

我可以做什么来帮助自己宽恕这个人，

让我不再对他（她）的言辞和行为所造成的伤痛怀恨在心？

其重点在于**你**能做什么，而不是你希望或预期伤害你的人做什么。你无法控制那个人的行动，因此你的心灵自由不应依赖于他（她）怎样做。为了做到不念旧恶，你要思考什么样的行为能使你释然。取回郁结在痛苦中的能量，把它重新投入疗愈和滋养身心的行动中。

可以做的事包括写一封信、埋掉一件过去的遗物、烧掉一个与那人有关的纪念品、创立一个组织来帮助其他人疗愈或避免类似侵犯，也可以把自己的经历写成文章或书，使读者受益。采取行动，从淤泥中种出莲花，把伤痛化为利益他人的事业。

蕾切尔后来拿定主意：对她来说，带着宽恕重新开始生活的最好方式，是到当地一家退伍军人医院的欢迎中心去做几小时义工。与那些老兵接触，使她更充分地了解了继父当年面对的苦恼，唤醒了她心中的理解、宽恕和慈悲。

在这一步中，你所做事情的大小并不是重点。你捐出一小笔钱也好，新建一家福利机构也好，重要的是，**你采取了实际行动**来展现你带着宽恕继续向前的决心和愿望。

原谅自己

既然你是人，就大有可能也曾在人生中某个时刻造成了别人的情感痛苦。当时你也许觉得自己的做法是最好的或者必要的，然而另一人因此受到了伤害——如果认识到自己也会做出这样的事，有助于你放下对人的成见，唤醒慈悲心。

闭上双眼做几次深呼吸，静下来观照内心。然后让脑海中浮现起某件你曾以自己的言语或做法明显造成了别人身心痛苦的往事。尽可能客观地判断其中的情况，思考你当时所处的生活状态。你做的（或者你该做而没做的）哪件事伤害到了别人？你的行动产生了什么样的后果？你从那次经历中明白了什么道理？不要怀有排斥或否定，只需在觉知中审视这个故事的种种细节，注意是你的哪些重要决定最终造成了他人的痛苦。然后花些时间来做笔记，描述事件始末、行动后果以及你和受伤害者双方的感受。把其中所有做错的、或你该做而没做的事情记录清楚以后，再度闭目观心，问自己：

我准备用什么行动来取得自己的原谅，

不再为过去伤害到别人的过失而自责？

对许多人来说，原谅自己要比原谅别人更难。自责、悔恨和遗憾，在短时间内可以帮助你用心反省伤害别人的行为，但生命短暂，我们不该无限期地携带着这份痛苦。一旦超过某一限度，内疚就会变成束缚，令你无法从这次教训中获得任何裨益。

有时候，自哀自怜的背后就是自大，而内疚和悔恨会阻止人拥抱生活中的爱和疗愈。举个例子，我最近指导过一位受失眠所苦的女性，名叫凯莉。她告诉我，她夜里辗转反侧，不断为年老的母亲死在养老院里一事责怪自己。此前她因为身患关节炎行动不便，无法在家照顾母亲。身为一名虔诚的基督徒，凯莉相信母亲去了天堂，所以当我问她是否认为母亲已原谅了她，她毫不犹豫地答："当然。"我又问她是否认为上帝也已原谅她，她表示坚信造物主是仁慈宽厚的。我指出，她对自己的要求比对离世的母亲甚至上帝还要高。由此她意识到该是重新投入生活的时候了，母亲在天有灵也必希望她如此。

尽力而为

人生就是要不断学习，而逐步成长离不开"试错法"。美国女诗人玛雅·安吉洛说过："我们只能依照当时所知尽力而为，而当我们的'所知'提升，'所为'自会进步。"

通过之前的经历，你现在已站在一个新的起点上，以后的行动将展示出你会为以往伤害他人的行为负责的意愿，以及改变自己的决心和准备。

有意识地为之前伤害过他人的行为作出弥补，有助于重新稳定人生的天平，让过去的成为过去，让未来得以展开。思考一下，什么样的补过方式对你来说比较适当。或许是写一封致歉信，到福利机构做义工，或者向与你当日伤害事件相关的一项事业捐款。

我再重复一次：人生就是为了学习。既已觉察到你的所作所为有可能带来非你所愿的后果，就利用这个机会好好吸取教训，并且立下追求情感自由的意愿。

坦白让心灵自由

进行到这一步，你又需要请出倾听伙伴了。找一位你可以将自己伤害过别人的事情坦然相告的人。像之前一样，请你的伙伴只倾听，不打断。告诉他（她）你要通过什么事情来弥补自己的过错。说完以后，请伙伴对你说下面这三个句子：

我为你造成的伤害感到难过。

我知道你的做法相对于你当时的

认识水平而言已是尽了最大努力。

如果你有弥补过错的坚定决心，

你就可以得到原谅。

在工作坊中，我让参与者把自己的故事向几个不同的人坦白，直到他们已厌倦讲述、情感的负担完全卸下为止。这一步通常需要重复讲述几次才能完成，所以你要尽量找到三个以上可以信任的人，跟他们逐一分享。每次坦白时，都要向伙伴保证你会采取某种弥补过失的行动（做到情况允许的程度即可），并让每个人都对你说出上面的三句话。

在观想中获得宽恕

如果一时找不到合适的伙伴来分享，你可以通过观想来获得这一步的裨益。取舒适坐姿，闭目做一次深呼吸，想象自己身处一个安宁而景色优美的所在，比如一道下临翠谷的山脊，一片暖洋洋的热带海滩。

在这片净土之中，想象一位爱与慈悲的化身端坐于雄伟的智慧之树下，可以是宗教人物，也可以是男性或女性的智者，或者遍体光芒的宇宙人。

就像对坐在身边的挚友倾诉一样，向这位神圣长者坦承你做过的伤害他人的事情。闭着双眼说出你的故事，就像两人面对面一样。

讲述完毕，想象这位内在疗愈者说：

我为你造成的伤害感到难过。

我知道你的做法相对于你当时的

认识水平而言已是尽了最大努力。

如果你有弥补过错的坚定决心，

你就可以得到原谅。

把这个故事讲过几遍之后，独自静坐，用冥想来平定心念。最后一次向自己说出这个故事，要尽可能地诚实。宽恕自己过去的行为，然后做出宽恕伤害过你的那些人的决定。当你充分了解到，你所讲述的人生故事决定着你的生活质量，你就得到了爱的自由。

化痛苦为飞灰

之前我曾介绍过阿育吠陀教义中“阿耆尼”的概念，它是内在的火，能为我们“消化”人生中的事件。当这种炼化之火发挥功用时，就会对生活进行新陈代谢，把我们的经历转化成滋养心灵或者指导未来的精粹。健康的内在之火发出光和热，只留下细粉般的灰烬。而虚弱的火无法彻底转化生活经历的“原材料”，就会冒烟、留下焦黑的残渣。

疗愈过程的下一步，是一场祈取阿耆尼转化之力的仪式。你需要找一个可以生火的安全场所，比如户外的火坑或者家里的壁炉。拿出写着你的痛苦经历和负面特点的清单（你在前面章节中找到的“经”），展现你转化过往经历的决心。在清单里加上几个词，代表你曾犯下的过失。清单完成后，点一把火烧掉它，以此向阿耆尼的火焰献祭。我们在乔普拉中心办工作坊时，都会燃起一堆篝火，让每位参与者都把自己的痛苦清单投入火中。然后我们还会烤棉花糖，再加上饼干、巧克力做成经典的篝火小吃。此举的象征意义很简单：我们有能力——你有能力——把哀痛转化成甜蜜。

通往自由之路

你所下定的“解决我与他人和自身的所有争端”的决心一定要坚守。如果心中怀有指向他人的愤怒、敌意和怨恨，只会伤到你自己。纳尔逊·曼德拉说过：“心怀怨恨就好比自己喝下毒药，却希望它杀死你的敌人。”采取必要的行动，来为自己、为你爱的那些人带来和平吧。

仪式的重要性

最近有个人来找我，说他一直对我怀恨在心。早先，他和一位女性几年来保持着分分合合的恋情，但女友到乔普拉中心参加了我们一期工作坊之后，就不愿再留在那段纠纷不断的关系里了。几个月来，怒火在他心里闷烧，搅得他不得安宁。我问他可以帮上什么忙，他告诉我，把这番话向我说出来后，已经觉得释然了。

我从这次接触中得到的体会是，怀有憎恨、怨怒或敌意的人所受的苦楚，比他们所嫉恨的那个人要大许多倍。我之前对这名男子的痛苦根本全不知情，然而他却下意识地相信他的愤怒会伤到我。

有一点是需要特别强调的：我们固然背不起怨恨的负担，但也不能造作宽恕的情绪；也就是说，我们不能轻言自己已经宽恕，除非在观照内心时真切感受到了慈悲和自由。常听一些人说，他们相信宽恕的重要性，所以他们决定宽恕暴虐的家长、背叛的配偶、霸道的老板等等。在许多情况下，他们只是在溃烂的伤口上敷了一层宽恕的纱布而已。他们也许可以把痛苦的感受推到无法察觉的心底，但如此得来的轻松只是暂时的、不完全的。在阿育吠陀教义中，被压抑的感受就是情感毒素，会在身心系统中引起失衡，最终郁积成病。要想真正体会到情感释放和宽恕的疗愈作用，你需要先完成清理情感的工作。

我接诊过的许多人都曾质疑自己的宽恕能力，对于终此一生能否释然都没有信心。我可以保证，完全而自然的宽恕是每颗心都能获得的，因为排除毒素是生命的本能。只要给予适当的机会，你的心就会把过往痛苦经历所产生的不适感受完全释放掉。但你必须营造一个能让此过程顺利发生的安全空间才行。

从退缩到舒展

宽恕能开阔我们的心胸。侮辱和伤害，无论作用于身体还是情感，都容易使我们进入一种拘束或退缩的状态。在原始本能的层面上，这种退缩带有保护意图。就像人在面对危及生命的重击时会以胎儿的姿势蜷成一团，我们为了避免进一步的伤害也会在情感上蜷缩。不幸的是，这种防御反应也会锁住痛苦。为了让真正的疗愈发生，就必须建立一个安全的环境，使防御反应变得没有必要或没有效果。然后我们便可进行识别、疏导和释放情感伤痛的工作，走向切实的疗愈和转化。用宽恕来结束过往的章节，然后抒写充满爱、快乐和创造性的新的人生。

勇敢的行动

一定要采取行动，来展示你宽恕曾制造痛苦的人——其他人或你自己——的决心，此举的重要性再怎样强调也不过分。在犹太教信仰中，最神圣的节日就是赎罪日。这一天，谨守教规的犹太人会回顾过去的一年，祈求神的宽恕，并决心在新一年里做得更好。他们的祈祷书中有一段说："冒犯上帝的罪，赎罪日这天会得赦免；冒犯他人的罪，却只有在和解与宽恕之举做出后才得赦免。"由于我们的最终目标正是要达成和谐统一的状态，所以有两件最值得做的勇敢之举：一是请求你伤害过的人原谅你；二是主动向伤害过你的人表达宽恕。这两件事有着同样举足轻重的疗愈意义。

以新的眼光看待自己和他人，反映着你对人生和爱已有更博大的理解；这一步需要很大的勇气，但在对爱之自由的开拓上也拥有无穷的潜力。如果你能创造这样的机会，我鼓励你请来人生中曾经的"暴君"或者曾经的受害者，做一次交换疗愈。两人一起散步，讲述你的故事，如果你是曾经制造伤害的人，就请求对方的原谅；如果当时受伤的是你，就表达你的原谅。你不一定会得到你所寻求的回应（对方甚至未必接受邀请），但在这种挺身而出的心态下，你会悟到"我虽不能控制事情的结果，却能控制自己的行动"。不论结果如何，你都只须接受；你要么会感到释然，要么也能从这次练习中学到有价值的东西。

在建立行动的意愿时，记住你的终极目标是让你们双方都能拥有更广阔的心胸。如果这次行动后你可以在内心说出："谢谢你给过我的一切，祝你在人生路上事事如意！我带着爱放开你了。"你将体会到更高层次的喜悦。

犹太经典《塔木德》中常常提到的智者埃利泽说，我们应该在自己临终前一天为此生犯下的过失完全赎罪。当他的学生指出几乎没什么人能确定自己的死期时，他答道："那么，为防万一，在今天完全赎罪就好了嘛。"这位智者懂得一颗能自由去爱的心拥有何等的价值和力量，才会提出这样的教诲。

*

经由你做出的神圣的努力，你心里那一直限制着爱和疗愈的"紧急刹车"已经松开了。现在你可以决定重新开始的人生将前往何处、如何前去，你的身心将欢快地表达你新得来的见地与领悟。在余下的几章里，我们来看看如何对生活中遇到的人做出反应，以及怎样用更清醒的回应来创造我们应得的爱。

第八章 从疗愈到觉醒

能从万物中得见自身体性者，可得安乐。

——《唱赞奥义书》

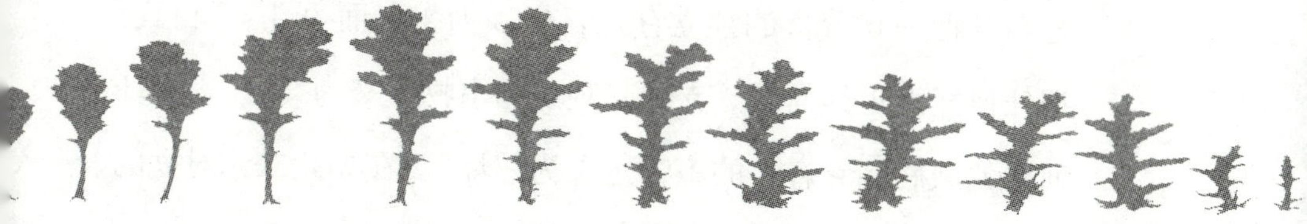

我在观察走在各自人生路上的人们时，会留心看有没有一个标示着从疗愈向觉醒转变的“点”。治愈旧日伤痛的重要意义，不仅在于拓展我们的自我感觉，更在于唤醒我们爱的能力。这种转化常常体现在我们自省时的发问上。我们不再问“我需要的是什么”，而是问“我可以帮上什么忙”；不再问“我在这里面有什么收获”，而是问“我能够带来什么，使这里面的人都尽可能得益”。

对爱觉醒，是我们毕生要走的路。我们最初来到世上，都是天真清白的生命，完全依靠我们的养育者来满足一切需要，不太懂得分离辨别的概念。随着长大、成年，我们中的大多数人都学会用“我们”和“他们”的区分来看待世界。我们用“自我”的有限视野来看待自身，而“自我”认为它是与其他一切分离的独立存在，必须为生存而争斗。“自我”把任何能满足其需求、支持其观点的事物定义为“好”，把任何看似威胁到它存在的事物定义为“坏”。在如此二元对立的视角中，凡有差别就会引来冲突。然而我们每个人都拥有超越这种认识的能力。我们可以学会拥抱生命中必然存在的矛盾特质，接受不同价值观的共存，不必否定一个来容许另一个存在。古人的智慧之学教人拨开遮眼的迷雾，看清我们每个人都是从统一的本体变化而来。在这样的觉知状态下，你我的一切表现都可理解为精神的展露，也即我们自性的展露。那么我们也就不可能去伤害别人，因为他们只是藏在其他表象之下，而内在与我们无异。

这种包容一切的觉知曾被赋予许多名称。佛家称之为“涅槃”，印度教称之为“解脱”，在基督教则为“上帝的恩典”，此外还有称之为“瑜伽”、“开悟”者。它是同时立足于个体和普遍两种层面上的存在形式。大部分人都曾在恋爱中触及这种超越时间的旷远境界：他们手里做着日常的事情，对爱人的牵念却无时无处不在。如果我们处在这“合一”的状态下，即便是操持平常事务的时候，也从不会丧失超然自性的觉知。

我们的大脑喜欢二元对立和绝对化的思维，我们的心则寻求和解，以及对相反事物的包容。“自我”思维喜欢说“不”，而心倾向于赞同。如果我们用心审视，会发现任何情况、境遇、信念或事件的表面之下都藏着与之对立的种子。若能认识到“坏”或“错”的事物一样能产生正面的价值，我们就向着心性的完满踏出了一步。

在黑暗中发现光芒

所谓“现实”其实是一种选择性的感知行为。目睹同一事件的两个人会得到不同的体验，因为他们各自的过往经历和需求像筛子一样对事件中的能量和信息进行了过滤。培养你对他人及自身之感知的灵活性，是取得情感自由、身体疗愈的关键一环。在接下来的环节中，你将练习从一个不同角度看待人生的技巧。

回到你在第四章中得出的关于自身负面特点的清单，它或许像下面这份一样：

1）过于敏感

2）相貌一般

3）懒惰

4）爱批评

5）做事拖拉

6）性情拘谨

7）自私

审视你的清单，看你能不能用一种新的方式来解读它，使每一个特点背后浮现出某种正面的东西。举个例子，你可以把“过于敏感”这一项重新注解为“我明了自身以及他人的感受”。找一种方式来以不同角度审视每个特点，为疗愈和转化打开通路。示例如下：

负面特点	新解
过于敏感	明了自身感受
相貌一般	不执迷于外表
懒惰	随遇而安
爱批评	擅于辨别
做事拖拉	三思而后行
性情拘谨	为人谨慎
自私	自立

重新解读每个负面特点，会使你对自己的人性特质不那么侧重批判，转而增加接受度。这种练习的目的，并非要否认我们每个人都拥有可以增进和改善的方面，而是要看到我们的裁断如何会使一种负面特点加强和放大。当你转换自身某一核心信念的视角时，你就从它的束缚中解脱出来，你打造理想生活的进程也会因此顺遂得多。人很容易盯住某项与生俱来或者后天习得的特质不放，然后把自己的种种不满归咎于它。

为了走向觉醒，你需要包容自身一切长处和短处，不要对你看到的“缺点”过度夸张。“把自己看得太重”和“为自己的选择负责”不是一回事。前者极少能带来更大的情感自由，后者则必会使之实现。这种分别是可以由自己来选择的，认识到这一点后，你就能用心对自身特质进行新的解读，使之有助于疗愈、产生力量和解除束缚。

人类的进化冲动使我们从分离走向统一，从破碎走向完满——或者如荣格学派的心理学家罗伯特·约翰逊所说，从“因对立而挣扎”走向“拥抱矛盾而统一的特质”。有一个字能最好地传达这种趋向完满的引力，那就是“爱”。

爱的真髓

在英语中，“爱”这个字可以用于多种多样的场合。小女孩爱她的玩具熊；十来岁的少年爱摇滚明星；男青年爱他的新车；丈夫爱妻子；母亲爱孩子；信徒爱他们的上师。只用一个字就能表达我们在这么多不同情况下的感情，这是因为，爱是我们与世界的特殊联系，能增大我们的存在感。爱连接着部分与全体，使个别与普遍相统一。我们当下的人生阶段和自我存在感，决定着我们使用这个常见字的不同方式，但在任何一种情况下，爱的真髓都在于指向统一的那股引力。

爱是回归完满的那份体验。当我们的肉身成为我们的基本身份时——当我们认为“我”就是指我的身体时——我们通过身体接触来寻求统一。父母把孩子抱在怀里，朋友给彼此拥抱，恋人们耳鬓厮磨，都反映着以身体表达的爱意，因为抚触使自我与他人的界线变得模糊。在拥抱的那一刻，两个个体得到统一，双方的存在感都增强了。

在我的大女儿萨拉三岁大的时候，她几乎每天半夜都会醒来，一醒就爬上我们的床。帮孩子安心睡觉的办法有好些种，从全家福睡法（大家睡一张床）到严厉管教我都听说过，但我还是问了一个做新生儿医生的朋友。他对我说："我所认识的大多数单身成年人，成天想的最多的就是找个人一起睡；然而人们却期望小孩子一个人睡。你不觉得好笑吗？"我们通过触碰别人的身体来满足自己身体的需要。

当我们从情感的角度来体会这个世界时，通过"展露"和"共鸣"来寻求统一。我们希望真实的自己得到接受，会找出那些以同样见解看待我们及世界的人，在与他们的相处中强化自我。与他人初遇时，我们会先把个性中的一面展示出来——如同戴上一个我们乐于示人的面具。如果对方做出了如我们预期的回应，我们就有勇气再展现另外一面。如此，我们逐步展露自己，希望得到认可和欣赏。我们感到最亲近的人，是见过我们的每一面之后，且不论所见是美是丑，都仍然爱我们的那些人；我们可以尽情展现自己而不用怕受到批判或排斥。如果有能力认识并拥抱内心所蕴藏的全部人类品质，我们的创造能力与慈悲心都会伸张。与我们本性中那些隐藏的层面合一，会带来宁定与完满，所以这是疗愈与觉醒中的一个关键元素。

发现隐藏的自我

20世纪初，精神病学家卡尔·荣格引入了“阴影自我”的概念，它是我们面对自己时所不愿接受、因而埋藏在潜意识中的那部分的统称。在长大的过程中，我们每个人都会发展出一个阴影自我，来承载一切被家人或社会文化所拒绝欣赏和接受的品质。常见的阴影品质包括贪婪、依赖性、自私、不安全感、嫉妒等。我们通常都把这些品质隐藏起来，因为担心它们会坏事，令我们不能得偿所愿。然而，当我们可以安全地展露内心的黑暗面，而不必害怕因此失去我们所需的爱时，我们的心量就会扩大。在爱中的这种情感表达，使自身与另一个个体统一起来。

我们每个人都有无条件去爱的能力。个人之爱大多好像一束激光，只聚焦在单一的关注对象上，排除其他。个人之爱通常有一种潜在的交换性——我给你，来换取你给我。更高的爱是自我存在感大而化之的表达。

情感需求的进阶表达

我们大多数人都没受过关于如何去爱的正式教导。我们通过观察自己的父母、兄弟姐妹和护理者来学习，但他们也未必能恰如其分地处理和展现自己的情感。从我自身的成长经历与心理咨询师从业经验来判断，大多数人的情感技能都不太发达。

如果人屈服于潜意识中的情感模式，就会展现早年学到的比较初级的爱之技巧，而同样的情感模式会代代相传。有些人类情感定势可以追溯到亚当与夏娃那运作不良的原初家庭——我们可以从《圣经》中看到他们的子女后来有何种遭遇。

人类在童年依赖父母养育的一个后果，就是我们倾向于把父母当作做人的模板。如果你的父母——像其他众多父母一样——也是情感表达的“业余者”，你很可能在成年后遇到过难以满足爱的需求的挑战。虽然人们花掉不计其数的时间去进行心理治疗和咨询，希望明白自己为什么变成今天这个样子，但只从理智上弄懂自己焦虑或不快乐的原因，未必就能让你开心起来。要想与他人建立能在情感上滋养你的关系，就要学习通过更加有效的新方式来体会和表达你的感受。

如果能看清情感反应的原则和模式，你就能学会以更健康的方式来认识、表达你的感受，从而扩大自我存在感，并丰富你的情感反应。这一努力将会带来的成果是：完满，自由，健康，以及更加滋润身心的人际关系。

练习对情感的观照

所谓“情感”是与你脑中的思想相联系的身体感觉，它们是极重要的身心体验。你怎样识别自己，你的所知所想，乃至最具影响力的你的感受，都决定着你每时每刻对事物的轻重判定和选择。你用选择来强化你对自身和他人的看法，而情感会在你的自我存在感得到加强或面临挑战的时候，给你相应的信号。

对有些人来说，身份识别和自我形象与他们的肉身紧密联系。他们最看重的事情也许是去健身房锻炼，修剪时髦的发型，穿特定风格的衣服，或保持他们视为最佳的膳食结构。任何看似危及他们外在身份的遭遇（例如有人批评其妆容）都会带来不适。另一些人对自己的基本认识可能在于其扮演的角色，如头衔、职位或所在行业。他们一心只想完成自己设定的人生目标。如果他们觉得自己的角色受到威胁，比如有可能丢掉工作，在升职名单中被刷下来，或者失去了一个项目，他们的身心系统就会产生焦虑感。还有一些人，他们的身份定位主要是基于信仰。每当自己的核心信条似乎受到了抨击（比如有人非议他们的宗教或者政治观点），全身就觉得不自在。

你把哪些东西认定为**你的**（例如你的饮食、你的仪态、你的职位、你对于堕胎的观点），决定了你感觉有必要捍卫哪些事情。触及你身份界线的事物会造成一些感觉，引来你的注意。正如我们在第五章讨论过的，这些感觉就是我们称之为情感或感受的东西。

在最基本的层面上，我们仅能生出两种基本感受——“乐”和“苦”。情感是你的身体送入脑海的讯息，发自自我身份识别的界线。如果某物或某人接触到你的皮肤——肉身自我的界线——神经纤维便向你发出或乐（受到爱抚）或苦（踩到钉子）的讯息。情感界线受到触动时也产生类似的反应，你会接到乐（有人夸奖你）或苦（挨了一顿批）的信号。乐的信号通常会鼓励你趋近那种刺激的来源，苦的信号则促使你远离。我们可以用多种方式来表述这情感的两极：

乐	苦
快感	痛楚
开心	悲伤
爱	怕
舒坦	焦虑

无论你是否清楚地意识到，你所做的每个决定都是基于一种期待，即你的选择会带来更多的乐，或者至少能减少苦。无论你是在选择配偶、工作还是牙膏的牌子，这个原理是不变的。你也许愿意忍受短期的苦——只要你预期长期的收获会值得；当你为了减去腰间赘肉而加倍努力地健身，或者为了考上研究生而苦读冲刺时，都是这样。但最终，都是对更大的舒适、快感或开心的期待，驱动着我们所有的选择。

虽然我们全都受制于这一“乐/苦原则”，但具体什么事物会带来乐或苦，对每个人是不一样的。如果你喜欢草莓酥饼，把它当甜品吃就是一大乐事；反之，如果你对草莓过敏，同样的事会令你吃尽苦头。乘坐过山车的刺激会让一些人心醉，而另一些人是即便有钱也不肯去的。

为了把潜意识中的情感模式带到清醒的觉知中来，我们需要问自己一个至关重要的问题：

是什么决定着我把一种体验理解为乐还是苦？

我在多场讨论会上问起这个问题，而最先得到的回答无一例外是“以前的经历”。过往经历当然是会影响我们如今对事物的反应的。假若你年幼时曾受一位无微不至的匈牙利籍保姆照顾，你就学会把她的口音与慈爱联系起来。长大后，当你遇见从匈牙利来的人时，预先设定的情感模式会使你立刻生出亲切感。反之，如果你童年时曾跟一名严厉、苛刻、动辄斥骂的匈牙利老师上过钢琴课，如今听到别人有类似的口音，也许就会不自觉地紧张。

虽说过往经历能影响如今的感受，我们却不必受这种条件反射的奴役。我们可以超越习惯性的思维模式，做出有益于生活的选择。有句吠陀古语说得好：“智者善用回忆，而不为回忆所用。”我们身为人类，拥有上天赐予的自由意志，是否去享用这份礼物，就要看我们自己的决定了。

需求：各种情感的核心

这个问题又来了：是什么决定着我把一种体验理解为乐

还是苦？如果过往经历并非唯一决定因素的话，我们就要从当下找原因，这意味着要倾听自己的身体。记住，所谓情感即是与脑中思维相关的身体感觉。从身体的角度来说，乐与苦的感受是很原始的。当我们的需求得到满足的时候，就会觉得舒服、开心、愉悦，反之就感到忧虑、悲伤、痛苦。**所有情感都衍生于需求。所有情感都衍生于需求。**像念咒一样地反复读这个句子，直到你领悟到它简单而深刻的寓意。领悟之后，**你就掌握了关键性的疗愈力量**：培育情感健康的能力。不管你何时感到不适、忧虑或痛心，只要意识到你的苦恼是由于得不到某种你需要（或想要）的东西，你就能着手改善自己的状况。

我们可以通过观察儿童来了解这些最核心的情感法则。当一个小男孩想要母亲抱时，抱他起来能使他高兴，不抱就令他伤心。换种情况，如果他正想去跟朋友玩，抱他起来会让他恼恨，任其乱跑则带给他快乐。情感是由需求衍生而来。需求可得满足时，我们就安乐；不得满足时，我们就苦恼。

如果你能认同这个道理，就可以进行下一步了：带着增强的意识来认识和表达自己的需求。在生活中要能够清楚地向别人传达你的所需所想，只要掌握这种能力，你就能体会更好的情感健康。这种能力是通过学习而得，如果你现在不擅此道，那是因为你当初学习的“模范”不够好。现在是时候提升你的技巧了。

我们为什么会失望

如果我需要从你那里得到些什么，而你不给我，有三种可能的解释：第一，你没有能力满足我的需求。如果我想要你做的是陪我一起作马拉松训练，而你有一边膝盖半月板损伤，你就没法让我如愿。

第二个可能的原因是，你的需求跟我的需求有冲突。比如，如果我需要你帮我收拾餐具，而你需要出门缴费，我们之间相抵触的需求也许就会激发不愉快的感受。在这种情况下，我们可以学着讲究协商技巧，以使双方都能从交流中获益。在每一种情形中都可以找出一个最佳安排，至少能使双方各自的部分需求同时得到满足。

第三个，也是最常见的那个原因是，我没有做好沟通的工作，以致你不清楚我需要你提供的是什么。在我们掌握有效沟通的技巧后会发现，有些我们以前认为不能或不情愿满足我们所求的人，变得可以而且愿意了。我们越能清晰传达自己的需求，得到满足的希望就越大。

需求引起的反应

人生若要精彩且不断进步，需要有健康的人际界线。受到侵犯的界线会扰乱能量、破坏稳定。当界线受到侵扰或有被侵扰的危险，我们会做出反应来修补这个缺口。我们会选择什么样的反应方式，要看当时面对的是什么样的侵犯以及受到威胁的是自我身份的哪一方面。我们要弄懂这些反应，才能以更清醒的做法来使需求得到满足。

保护身体

当肉身的安全受到威胁，我们会激活一种强劲的生理反应，即所谓的“打还是跑”反应。这种原始的反应机制早在远古时代就发展出来，帮我们满足在不被吃掉的前提下取食的生命需求。“打还是跑”反应会重新调度一切可用的能量，来确保肉身的存续。反应激活后，身体内会发生如下变化：

反　应	目　的
血压上升，心率加快……	向各种组织中增加糖分与氧气供应
肾上腺释放出压力激素……	增加机体与大脑的活动强度
激素的变化使血糖水平上升……	输送更多的能量给肌肉
输入消化器官的血液改道流向肌肉……	使你能够跑得更快或斗得更猛
皮质醇的释放使免疫系统暂缓工作……	把生命能量优先分配给眼下的求生需要
负责凝血机能的血小板黏性增强……	在受伤的情况下减少失血

面对迫在眉睫的实际危险，“打还是跑”反应可以救命。然而，当人面对的威胁更多是心理性的而非身体上的时，仍

倾向于激活这种反应，就造成了现代社会人们面临的多种健康难题。高血压、冠心病、焦虑、上瘾症、肠道易激综合症、肥胖症甚至癌症，都有着“打还是跑”的根源。当我们感受到威胁时——即便只是来自一个未回复的电话或者一句批评这样的小事——身体仍会作出应对激烈事件的准备。已有许多项研究表明，长期的压力会加剧人的衰老，并使身患严重疾病的机会增加。

在极罕有的情况下，我们可能真的需要逃命，就此而论，随身带有这种应激反应是有价值的。在久远的过去，我们也许能靠着向敌对一方抛掷石块或长矛来保全自身；但时至今日，人类的武器具有毁灭性的威力，我们必须进化、超越这种原始的反应机制，才能保证自身乃至全人类的平安存续。

保护“自我”

根据阿育吠陀的教义，我们除了有一副血肉之躯以外，还有一具更微妙的“情感身体”。我们经由与他人、职位、财产和思想的牵系而生成这具微妙身体。为了构造肉身，我们以 DNA 为蓝本，以食物为辅料；为了构造微妙之身，我们以灵魂为蓝本，以牵系和逃避为辅料。正如我们通过穿衣来装饰和遮掩肉身，我们也会把职位和财产挂在身上，来装饰和遮掩情感之身。

我们自认拥有的人际关系和财物错综复杂、密如星云，它们构成了“自我”思维，或称自我形象。一般人都拥有数量巨大的牵系——其中大部分是处于潜意识层面的。为了对自己的牵系有所体会，不妨想象你邀请一些新朋友来家做客，增进对彼此的了解。你如何形容自己？你都谈论些什么？你会分享自己的什么故事？有没有一些事是你最喜欢对人讲的？你乐于表明自己贴近某方政党的立场吗？喜欢的球队呢？爱好呢？职业生涯呢？你作为父母的角色呢？在你带朋友参观自家房子的时候，有什么是你格外引以为豪的？你的有机菜园吗？你的大牌设计的沙发吗？你的藏书或者藏酒吗？你孩子们的照片吗？另一方面，哪些事让你觉得有必要致歉？杂乱的后院？好久没洗澡做美容的宠物犬？太过逼仄的厨房？如此在脑海中设想这一情景，就可以初步看清你目前如何对自己下定义。

做一个填空题，这是我的________。想想你可以宣称自己拥有的那许多事物，花点儿时间思考自己的答案。简短些的清单大概是像下面这样的：

这是我的……

配偶

房子

孩子

工作

汽车

宗教信仰

日常饮食

有了与这些人、财物和信念的牵系，当它们没能达成你的期待，或者当你觉得所有权受到挑战时，你都会感到惶然无措。此时你也许会以习惯性的方式作出反应。比如说，女人在商场逛了一整天，好容易挑到最适合穿去赴宴的裙子，爱人却说不好看，他的行为就跨入了女人的“雷区”，准会触发一场震动。如果男人花了一整天拾掇一件家具，之后爱人批评他干得不专业，男人的面子只怕要大大地挂不住。

我们在“微妙之身”受到侵犯时的反应，完全是伪装得很差的“打还是跑”反应。我们面对冒犯一般不至于动手揍人，却会说些伤人的话来使冒犯者退却。讽刺、批评、骂脏话就是心理形式的“打”，这种攻击的目的在于收复被打破的自我界线。使用某人私下告诉你的密语来攻击对方，可说是一种格外凶猛的“隐形武器”。

情感上的脱离和封闭则是“跑”的心理，具体表现为脸拉得老长，不表露温情，不回电话，拒绝给予关照。“退避”也是修复界线的一种努力，为的是在感知到的威胁面前保护自我。

磨炼我们的情感技巧

为了使自我心理的需求得以满足，人们尝试着各种各样的心理手段。墨西哥雅基族的印第安巫师唐望曾告诉跟随他学习的美国人类学家卡洛斯·卡斯塔尼达，人类使用四种基本心理机制来强化其自我形象：和悦，耍赖，冷漠，以及“我好可怜”姿态。

以我七岁大的女儿伊琪为例：她在玩具店的橱窗里看到一个娃娃，于是用上“和悦”的招式，问道：“爸爸，请你把那个娃娃买给我好不好？”如果我不为所动，她就转向“耍赖”之法，又哭又闹地非让我买。要是这个策略也没能使她如愿，她也许会进入冷漠或疏离模式，不跟我说话。假如这一招也不管用，她可能会尝试伤了心的“小可怜”姿态，跟我说：“莎拉（她姐姐）要什么你就老是买给她，你爱她，不爱我。”尽管年纪小，伊琪为了得偿所愿而使出的情感技巧已经熟练得很了。

我们每个人都有自己的一套心理工具，为了满足自己的需求而使用它们哄劝、操纵、引诱、威胁或控制其他人。我们使用心理工具的模式通常在幼年就已建立，那时这些工具也许能带来最大的胜算。在你五岁大的时候，闹脾气还有可能管用，藏在柜子里也确实能引来你寻求的关注。如今的挑战就在于要认识到，凭那些原始的工具恐怕已不能达成你的愿望了。幸运的是，我们还有发展新技巧的潜在能力。

通往自由之路

一天里时时提起注意，每次你有冲动要激活“打还是跑”反应的时候都要觉察到。对于界线被侵犯或需求未达成时迫切想要爆发或退避的潜在心理法则，做出清醒的认识。不要试图刻意改变你的情感反应，只需简单地观照自身，从而对驱动着你反应模式的种种倾向熟悉起来。一旦对这些倾向了然于心，你就会觉得它们的控制力在减弱。

从自我思维到了然观照

从超越肉身和微妙之身的层面，我们可以看到那些驱动其他一切需求的核心需求：感到快乐的需求，感受爱的需求，健康的需求，以及对意义和人生目的的需求。为了能让这些更高层次的“灵魂需求”指引我们的选择，必须通过日常坚持冥想来静心。

多年来，学界对冥想者的研究表明，人虽然在自我形象或身体受到威胁时有攻击性反应的倾向，却也有重归身心平衡状态的潜在能力。在冥想中，心理的动荡会平息，而身体进入一种深层的放松。心率和呼吸减慢，压力激素的水平降低，而免疫系统得到加强。我们在冥想中体验到的凝定会逐渐扩散到日常生活中，让我们能够选择最有希望达成所愿的举动。

处在内心宁静的状态下，我们开始不那么执著于自我，而采取更负责任的行为。太把自己当回事往往反映出自私自利，这是源于一种受害者心态以及对界线侵犯的恐惧。责任感来自觉悟：我们是自己生活的创造者之一，生活中大多数的遭际都是我们所作所为的后果。

我们都拥有正反两方面的潜能：或者激活战斗反应，把能量消耗在防卫上；或者采取平和反应，让生命能量得到补充。

战斗反应 **打还是跑**	**平和反应** **冥想**
↑心率	↓心率
↑血压	↓血压
↑呼吸	↓呼吸
↑排汗	↓排汗
↑压力激素	↓压力激素
↓抗衰老激素	↑抗衰老激素
↑血小板黏性	↓血小板黏性

当我们认识到自己具有调节身体及情感状态的能力时，对周围扰动不休的状况和情境就不再那么依赖和过度反应了。我们会常在一种宁静的觉知状态中，而自我存在感开始转移。我们开始从只局限于自我的身份牢狱中“请假”脱离，

体验与自然融合的自己。完善这种存在状态之后，我们的存在感就会扩大，爱的能力也随之增强。

*

当我们从受束缚的状态转为舒张，就不再把爱视为一种情绪或情感，而视为一种使施予者和接受者都受益的行动。我们将在下章进一步讲解如何成为心思明澈的爱之大师，从每一个意图、每一个念头、一言一语和一举一动中放射出爱。

第九章 爱的修行

请让你的心靠近我，

我心惟愿

平息你对自由的渴！

智者平生所愿，

不外乎行爱！

——哈菲兹

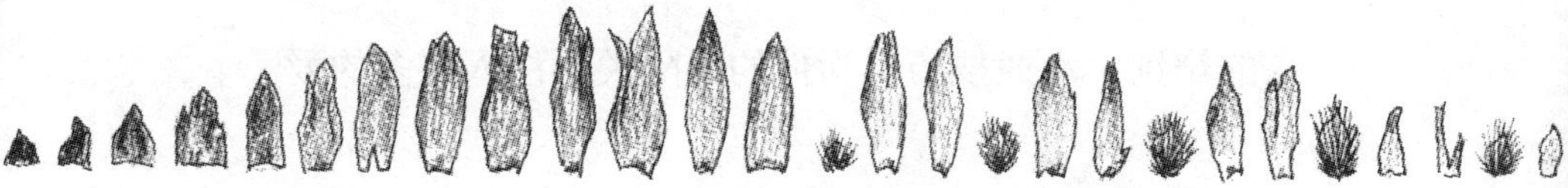

既已抛去只助长自怜或自以为是的内在对话，你现在可以创造生活中的爱了。这需要你掌握一定技巧，能以恰当方式来辨别及表达自己的预期和需求，从而使得偿所愿的可能达到最大。同时，**对爱的培养是一段内在旅程。**通过坚持静心凝神的冥想练习，你就能触及自己真正的内在，感受到它的圆满、完美和无尽的爱。深入这种觉知状态，你会懂得，即便在生活并不称心如意的时候，你仍可恬淡安住。这就是爱的最大奥秘：你越是能进入由内而生的宁定状态，就越是不依赖其他人的帮助来获取安乐；而你越是不需要别人来帮你填补心里的不足，你的魅力就越大，就越容易引来爱慕。那些对自己的可爱了然于心的人，很容易把别人吸引到自己的生活中来，其中不乏心甘情愿的施爱者。如果能够懂得，你自己和你生活中的人天生具有可爱的特质，你就能学会所需的辨别、沟通技巧，为你的人际关系注入更多的爱。

有意识的交流

在《非暴力沟通》一书中，心理学家马歇尔·罗森堡提醒读者：表达自身需求的方式决定着我们使之实现的能力。如果你陷在一种受害者心态中，认为身边的环境或人们对不起你，一定会感到无力把握人生的走向。相对地，若你持有“事在人为”的态度，就能集中精力创造条件，提升达成心愿的机会。

你越是擅于满足自身需求，所收获的情感健康就越大。当事情的结果偏离了我们的意图，当我们的遭际达不到预期时，就会产生烦恼。我们之前谈过，这种情感乱象可以被视为自身对一种未获满足的需求或他人失礼行为的反应。我们如何应对这种需求或侵犯，决定着情感失衡的状态会持续多久，发展到什么程度。我们的目标是重新获得情感的平衡或自由，尽量少把能量和时间浪费在紊乱之中。为了做到这一点，我们需要了解脑海中的思想是如何造成身体上的感觉，然后运用新策略来平息思想的紊乱，重获情感的平衡。

从过去到当下

平息情感困扰的第一步：辨认扰乱你安宁的事物。这需要你立足当下，克制把眼前烦恼叠加到往日情感残余上的倾向。我们用几个耳熟能详的例子来说明这个问题：

你给妻子打电话，她说正在开会，一刻钟后回电。一个小时过去了，她还是没有回你电话，于是你又打给她，恼怒地叫道："你这辈子从来就没把我当回事！"

你坐在车里，听着电台里你最爱的脱口秀，等着接爱人下班。爱人刚一坐进来就换了台。你发了火，说："什么都是你说了算，就好像世上就你一个人有资格称心如意似的！"

你丈夫早上六点就出门上班，夜里十一点才回来。你在门口凶巴巴地迎上去，扔给他一句话："你对工作比对你老婆孩子操心得多！"

如果你用心看就能注意到，人总是急于把过去注入当下。创造情感自由的第一步就是要停止这种做法。这需要你冷静地问自己**发生了什么事**，而不是一头扎进植根于过去的、条件反射式的内在对话中。这种能力要经过一番练习才能获得，因为我们的头脑有一种天然倾向，总要把回忆扯进来，透过以往经历的"镜片"来看待当下。要获得"住于当下"的能力，必须坚持练习冥想，学着把心念从反复回放的往事和对未来的预期中收回，转向对当下一刻的觉知。

我们继续用上面的事例，把情境当中的事实——实际发生的事——与我们基于过往遭际的解读分离开。

发生了什么事？	基于过往遭际的解读
我爱人一小时都没回我电话。	我不是他（她）最看重的；我对我的爱人没那么重要。
我爱人换了收音机的台。	我爱人是个控制狂，根本不在乎我想要什么。
我丈夫早上六点上班，晚上十一点回家。	我丈夫把工作看得比家人还重。

当我们用过去建立的条件作用“污染”了当下，眼前的情况如何发展往往是可以预见的。我们的目标就是找回其不可预知性，因为所谓“创造”，就是有能力带来新事物，或者采取新的应对方式；这样才能打开新的局面，让更多的爱与亲密进入我们的人际关系。我们要寻求新的沟通方式来传达自己的需求，使它们得到满足的机会增大。

从“你让我感到……”到“我对……负责”

我们用来表达感受的语言创造了我们所经历的现实。我一次又一次地看到，有些人心中的恐惧将自己几乎不可避免地引向了那个最担心的结局。例如，一名销售代表很怕自己的客户去找其他的供货渠道，其过分卖力的态度反而令手中的生意泡汤。妒意太重的丈夫想要控制妻子，却使得对方因不堪压抑而离去。一位女性不想让自己显得脆弱，刻意压抑亲昵的表现，结果爱人转投了更热衷表现的第三者的怀抱。

有意识地选择表达感受的措辞，能帮助我们增加得偿所愿的机会。有一些描述感受的词汇本身就能带来受害者情结，在思考和言语中最好避免使用。我列出一些词作为示例，希望你能从对话中**去掉**它们；这也包括你的自言自语，因为它们随时会向你自己和世界宣告：你要把对于自身感受境遇所应负的责任推卸给别人。

被虐待	被抛弃	被背叛
被控制	被欺骗	被蒙蔽
被耍了	被利用	被羞辱
被恐吓	被操纵	被忽视
被排斥	被忽悠	被占了便宜

当然，人们确实会做出虐待、抛弃、背叛、忽视等行为，这是不可否认的。然而，如果你的目标在于情感自由的话，把自己摆在受害者的位置上只会带来反效果。所以不要在头脑中一再回放诸如“我觉得受了虐待，我觉得被抛弃了，我觉得被忽视了”这样的自语，以及其他打击自己的讯息。

受害者式的语言并不描述自身感受，而是强行解释对方的意图。说“我觉得受了排斥”暗示着对方故意排斥你。可是要弄清楚自己的心意就够难了！你揣测他人意图时的准确度是很靠不住的。所以与其把决定你内在状态的权威交给另一个人，不如使用恰当的语言，表示你愿意为自己的情感负责。别再说你觉得“被抛弃”，说你感到“孤独”，别再用“被排斥”这个词，而说你觉得自己“无关紧要”。这里还有更多建议，可以把受害者式的语言“翻译”成有担当的说法：

被虐待 → 我感到无力
被背叛 → 我天真
被欺骗 → 我犯傻
被利用 → 我觉得空虚
被操纵 → 我不懂设防
被忽视 → 我像个透明人

我并不是建议你在受到冒犯或有需求未满足的时候去否定自己的不快，而是说，你用来传达自身感受的语言对于你改变局势的能力有着重要影响。

从“你自己去想清楚”到“这是我想从你那里得到的”

在幼年和童年时期，我们对于需求所产生的身体感觉的认识，要先于我们对需求本身的认识。婴儿的哭声也许意味着饥饿、疲倦或者对爱抚的召唤，母亲则会履行天职，破解其中的讯息，从而看到并满足这个需求。随着我们渐渐成熟，通常都能提升认识、传达自身需求的技巧，但许多亲密关系的破裂往往是因为，在更深层的心态上，我们仍想让对方自己想清楚我们要什么。我有个心理学家朋友说，令爱人反目的最常见的原因，就是两人中的一方或双方总指望对方能看透自己的心意，就好像因为对方是爱人，就该有超能力似的。现实生活中，只有你才能最好地辨认并传达你需要的是什么。幸运的是，尽管人们费尽力气把自己的情感需求弄得看上去很复杂，其实这些需求通常都很基本：

- **关注**——你对我很重要，因此我愿意（多次）为你付出全部的注意力。
- **亲昵**——通过富于爱意的身体接触产生的亲近感。
- **欣赏**——我珍视你为我做出的贡献。
- **接受**——我认可：你每一刻都在做着最好的自己，并且我会给你足够的成长空间，让你发挥出全部潜能。

要做到有意识的沟通，关键原则就是：向对方表达清楚你希望其做到的具体行为，使“满足你的需求”这一目标尽可能地容易实现。然而，当人们感到委屈无力时，往往反而采取蛮横强求的态度，认为通过逼迫可以增加达成愿望的机会。这种做法常会适得其反。如果我对你强求，等于是在暗示“你的价值不如我，所以我有权指使你做事”。即便你接受了我咄咄逼人的要求，也很可能带着抵触和怨恨的情绪。或迟或早，你终将不再愿意看我的脸色，停止满足我的需求。在生活中，虽然我们想帮助所爱的人达成愿望，但当他们以命令的方式要求时，我们会觉得受了强迫。如果你为人父母，可能就会时常试图矫正孩子的言行，让他们把命令变成请求。当你告诉他们“要说‘请’”或问他们“这样要东西有礼貌吗？”，你是在教他们改变提出要求的方式，使其更能提升而非贬低你的尊严。

掌握有意识的沟通技巧

你表达自身需求的方式，是你个性中最受条件作用影响的一个方面。你通过观察父母而学到了这种方式，而后不论是否总能达成所求，它都会成为你的风格。人们常常会坚持以自己最熟悉的方式行事，即便事实证明它的成功率并非最高。当来自不同文化或成长环境的人们走到一起，想要满足各自的需求时，他们会用不同的行为法则来处理这份关系；然后，在爱情游戏里，摩擦不可避免。因为在一家“场地”上公平合理的做法，在另一家就算犯规。如果你们想和睦相处，就必须商定表达需求的方式，使双方都获益的可能性最高，并采用双方都认为公平的行事规则。具体怎样做，我们用几种情景来说明：

情景 1

你新交往的恋人带你参加一场派对，是他（她）的朋友们组织的。恋人跟一位老相识欢快地说起话来，把你独自冷落在那里。

条件作用式的反应：

“我见你在那儿跟别人打情骂俏，让我的脸往哪里搁？如果你下次再这样，以后别指望我跟你一起参加任何派对。”

清醒意识下的反应：

“我见你只顾跟那人说话，觉得自己活像个透明人。如果跟你一起去我谁都不认识的地方，我得能放松才行。你把我介绍给一些朋友好不好？这样在你跟别人说话的时候我也好自在些。”

情景 2

你的爱人去买食品，却没买回你每天早上吃的麦片。

条件作用式的反应：

“你去购物的时候从来不想着我，就只懂得让我为你做事，我烦透了。我以后也不会为你忙活，反正你不知回报。”

清醒意识下的反应：

“我最喜欢的那种麦片吃完了，本希望你会注意到并给我买回来呢。你再去食品店之前跟我打个招呼可以吗？我会告诉你想买什么。”

情景 3

你下班到家，发现配偶和孩子在客厅里玩电子游戏。厨房水池里的碗碟没有洗，衣服扔在地上。

条件作用式的反应：

“里里外外都是我一个人打扫，我受够了！你们每个人都拿我当保姆！我在这个家里一点支持都得不到，费尽力气干活，好让你们玩游戏！”

清醒意识下的反应：

“我工作了一整天，回到家里，看见的是水池里的碗碟，地上的脏衣服。我真心希望你们能帮忙把家里保持得整洁一点。大家都来帮把手，花一刻钟打扫房间，我去做饭，好吗？”

在每个场景中，条件作用式的反应都有两个恒定元素：（1）发言者把过去的经历带到了当下，使得旧日的模式盖过了眼前的事件；（2）发言者都有一种预期，认为对方已经知道自己需要的是什么，所以故意不明说。此中潜藏的受害者心态归结起来就是：“你知道我需要什么，却拒绝给我。”

相对地，清醒意识下的反应是把当下情景当作一次独立事件来处理。发言者不是想当然地认为自己的需求是“明摆着”的，而是负起了“指出这一需求并明言对方如何能够满足它”的责任。

这个关键技巧能转化任何人际关系。希望你通过练习下面的简单方法来掌握它。方法分四步：

1）每当不开心的时候，认识到这是因为你有某种未满足的需求。

2）想想是什么事没达到你的预期。

3）看清你需要而没得到的是什么。

4）向对方提出要求，越具体越好。

当然，就算用上这套办法，也不能保证你总能使需求得到满足，但它能在总体上改善你的心态，使你多一些时间安乐，少一些时间烦闷。

当你能熟练运用有意识的沟通技巧时，会对自己达成愿望的能力越来越自信：综合在你控制范围之内和之外的一切因素而言，你能使需求得到满足的程度尽可能大。而且这种技巧是会随着练习越用越好的。

自省

经过努力，你已排除来自过去的情感毒素，可以在今后的生活中有意识地避免累积新的毒素了。“自省”是在一天结束时回顾自身言行与经历的修养技巧，很有助于提升你的沟通能力，使心灵不留毒素。如果力行不辍，你就能避免重蹈旧日心结的覆辙。

最适合自省的时间是一天的末尾，在你做完晚间琐事，关灯准备睡眠的时候。先拿一个枕头垫在背后，舒服地坐在床上，闭目冥想五到十分钟，可以念咒或关注呼吸。感觉静下来以后，开始回顾这一天，从早上睡醒的一刻开始。就像在意识的屏幕上看一场电影，使一天里逐次发生的事件和与人的交往历历在目。当身体随某段记忆产生快乐或不适的感觉时，要尤其注意。留意哪些事情仍留有情感上的负担，以此为线索，就可以看到需要你更多关注的方面。看看这一天有没有该做的事没做完。

自省的时候，你也许会注意到，你曾因一时无法分心而对来找你的人态度生硬，或者没有及时给予子女他们所寻求的关注；你可能忘了回某人的电话。如果你发现有任何当天事务留下了“尾巴”，就要下决心在第二天把它完成：对你曾粗暴对待的人道歉，对孩子更关心一些，给朋友回电话。

别容许情感毒素在你心里累积。当你不再怀有怨恨、悲痛或遗憾时，就可以开怀体验和赞美当下所拥有的全部美好。**在自卑自怜和自以为是的帘幕背后，爱与觉知在耐心地等待。**

通往自由之路

接下来的七天里，在临睡前练习自省。用五到十分钟回顾你一天里的经历和言行，同时观照身、心的感受。如果有任何不适感产生，而缘由是你注意到了自身某种失之狭隘的表现，就记在床头的笔记本上，以便第二天改正。留意观察，看这种简单的清心技巧是如何影响了你与自身及身边其他人的关系。

培养慈悲

人会因爱而转变。爱的本质会扩大我们的存在感与待人以仁的能力，在我们眼中，那些把我们与他人分别开的差异会变得不那么要紧，而人与人之间的统一性更具吸引力。随着内在身份的约束放松，个人之爱也变得不那么局限于个人。在西方声望卓著的冥想导师玛哈礼希·玛赫西·优济说过：“一切的爱都指向自己。我爱你，但你不必在意。”

当我们的觉知中拥有更多宁静时，就会由个人之爱转向更高形式的爱。如果我们沉浸在关于以前发生过什么或未来会怎样的内在对话中，就会固步自封，我们编织的人生故事成了束缚现实的枷锁。若能通过冥想使纷飞的思绪平息，我们就能在前后念头之间窥见那广大无垠的领域，认识到自己的心量比平常所见的大得多。

在爱中拥有更多宁静，会让我们升华。当我们看到，一切生命只是披着不同的伪装，却拥有同样的体性，个人之爱就会转化为慈悲。这就是灵性之爱的真谛。杰出而富有争议的灵性导师奥修说过，身体层面的爱通过性欲来表达，**反映出我们的动物性**；情感层面的爱通过亲密关系来表达，**反映着我们的人性**；灵性层面的爱通过慈悲来表达，**反映出我们的神性**。这神性就在于，我们能够为自己的存在而欢欣鼓舞，不关乎职位与财产、成绩与功业、所得与经历。安住于这超然的状态，我们就能在一切关系中拥有发自真心的爱。

试试这个简单的练习，它可以使你轻松离开平时的个性窠臼，得见“真我”。

取舒适坐姿，闭目，做几次深长呼吸。凝神观照你所处的环境，思考身边的一切有哪些是你冠以“我的”而宣示所有权的。你可能会想：我有我的房子、我的车子、我的工作、我的爱人、我的孩子、我的等离子电视、我最喜欢的球队。现在，把所有这些人、地位和财物都从心里放下。

下一步，观照你的身体，体会你对自己的身体宣示所有权的感觉。这是我的头发、我的肠胃、我的糖尿病、我的心脏。现在把你的身体放下。

觉察你的呼吸。留意一次接一次、不论你是否关注都会持续下去的进出气流。把一口气吸到底，然后憋住，留意当你在该出气的时候忍住释放的那种难受。再把气完全呼出，憋住，留意当你在该吸气的时候拒绝接纳的那种难受。现在把呼吸也放下。

观照你的思想，留意一个个念头的升起和消退。观看关于过往和未来的念头来来去去，好像觉知的海洋中涌起的水波。现在放下你的思想，只要静静地坐着，觉知中只剩下你自己的存在。体会你内在的完满状态：它不依赖于你的地位和财产，甚至也不依赖于你的身体和思想。

等你从这种宁定的、无界的状态中出来以后，念起与你有重要关系的那些人。想象自己立足于这种博大的存在状态，无欲无求地爱着他们。想象自己带着这颗更加宽广的心，已能接受人生中一切相识者的本来面目，包容其一切美好与不美好的品质。找到博大完满的内心，你就获得了无条件去爱的能力。

爱的体验具有治愈效果。早产儿如果得到爱抚，发育的速度也会加快。爱能增强免疫功能、促进消化、降低血压，甚至减少人体内的胆固醇。患者如果感受到医生和护士发自真心的关切，痊愈的速度就比心理上受冷落的患者快。**爱能唤醒我们的身心中自有的疗愈力。**

*

爱是一种能力，可以越练越强。一点一滴的爱都是神圣的。每一次爱的冲动都将我们推向统一。你通过付出时间和努力，已移除了通向博大心灵的障碍，那么从此刻起，请不懈地营造你人生中最重要的东西——以一切形式表达——爱！

第十章 抒写美妙的爱之故事

自从幸福听见你的名字

它就跑遍大街小巷

急切地找你

——哈菲兹

恭喜你读到了这里！倘若你没有跳过前面九章的任何内容，并完成了其中的练习，你与刚拿起这本书时相比已经判若两人。你已找出了旧日遗留的不良情感残渣，清楚觉察到它们的存在，并且把那些经历造成的情感负担与实际事件剥离开来。你认识到，人们的所作所为都是在当时的觉知水平上尽了最大努力，所以你放下了许多遗憾、怨恨和自责，转为理解和宽恕。你坚持与他人有意识地进行沟通，所以能在重要的人际关系中准确识别和传达自己的需求，从而使得偿所愿的机会增大。

现在的问题是：以此为起点，你希望自己的人生故事怎样展开？你有机会也有责任去创造一段不违真心的人生，让自己担当编剧、导演和主角，而不是在别人的故事里演一个无足轻重的角色。每个人都喜欢慷慨激昂的故事，所以才会反反复复地讲起。看看在电影院里上映的片子，讲的大多是善战胜恶或者爱冲破重重阻碍的故事。英雄人物不论在怎样险恶的形势下，都能最终克服困难，重建世上的正义、公平与和谐；被拆散的爱人总能找到再续前缘的道路。这样的故事自远古以来就在人类中间传唱不衰。

爱上你自己

你有力量，有智慧，有趣味。你有丰富的内涵和价值，你有魅力，是一个好人。你值得爱，你有资格幸福。

我希望你现在能比刚开始读这本书时更易认同这些真相。试着对自己说出上面的话，看你能否以平常心领会它们的真义，不带着或真或假的自谦，不带着自怜或自恋。

你拥有的可爱品质还不止这些，这是因为，你拥有生而为人的福报；作为宇宙的化身，你在稀有的机缘之下得到了能思能言的身体。万物统一的体性如同大海，而你的个体之性就像海中的波浪。虽然每个浪头都表现出独特的品质和天赋，但它总保有海的本质。换个譬喻，金子可以被制成手镯、链坠和钱币，却无损其元素性质。

你的人生之旅是宇宙和自己玩儿的一场捉迷藏。你是披着伪装的超然存在。你是换了身装扮的造物主。知道了这一点，你就不会为一时境遇而长久地自哀自怜，因为你的心灵仍保有对原本神性的记忆。带着这种觉知，你就可以发挥潜力，开创一段精彩的人生故事——在故事中，你可以自由自在地爱。

你的内在真心永远在吸引你靠近。虽然它要与外部世界的种种感官诱惑竞争，却并不因此嫉恨。只要时时与它沟通，它会很乐意与世界分享你。通过扫除情感困惑与误解，你已与自己的真心自性贴近了许多。你越是能清楚认识真正的自己，就越能轻易地识破造物主的其他伪装。然后，不论你身在何处、身边是谁，你都能心胸豁达、安然自处。因为你深知，你是以生命形式表达的神性——正如你一生中遇到的其他有灵众生。发自真心地生活、爱，你无论何时何地都会觉得自在。

善待自己

若你喜爱某样东西，比如一个玩偶、家里的花园或小动物，你都会自然而然地想要照顾好它。现在，既然你已决心坚持营造和巩固自己的幸福，就要像对待你所爱的其他事物一样，以发自内心的关爱来对待自己。在生活中，尽量少累积毒素，多吸纳营养。那些对身心有害的嗜好在过去曾给予你短暂的安慰、麻木缺爱的愁苦，但现在已没有用了。你不再需要通过麻醉来逃避自己。多做能为生活注入爱的事，试着信任自身天然具备的内在良药，别再依赖只能暂时调节情绪的化学品。坚持练习冥想、瑜伽，坚持锻炼和有意识地沟通，尽情发挥你所拥有的从内心创造平衡的力量，就可以减少对外来干预的需求。

审视生活的每个方面，找出那些对你无益反而会窃夺生命能量的事物。对你的饮食、空气、音乐、电视节目、网站、工作重新做一番评价，看看怎样可以减少不良能量和信息的摄取，换成正面的输入。

在你专注于增进对自己人生的滋养时，清醒地选择亲密关系是至关重要的。你现在知道，不良关系的毒性对你身心健康的损害，不逊于或更甚于糟糕的饮食习惯、酗酒和毒品。而且，有时候要从一段不良关系中解脱，比戒除一种毒品更难。若想脱离那些界线混乱或负担沉重的牵绊，就必须拥有勇气和清明的心智。

人们之所以会滞留在有害的处境中，主要是处于恐惧——怕失去经济保障，怕亲人或教友谴责的目光，怕上帝降罪，怕给孩子留下永久的阴影，怕找不到别的爱人。如果你眼下正处在这样一段关系中，就必须唤起内心最高最强大的灵性，让它引导你走向自由。你必须直面自己的每一种恐惧，因为在由恐惧主导的人生中，你不可能自由地爱或疗愈。向可信赖的财务专家求取建议，向家庭或教会恳请支持，认清风雨飘摇的家庭无法好好养育孩子的现实，并从最亲近的、一心只希望你幸福的朋友那里获得力量。

以我的经验来看，已经完成识别、疏导、释放等“排毒”

步骤，不再被过往束缚的人，几乎不可能容忍一段毫无情感养分的关系。如果你觉得自己所处的这段亲密关系让你持续痛苦，那么现在就着手疗愈，并为今后的脱身做打算。凭借智慧、恰当的时机和手段，你必将重获爱的自由。

最重要的关系

人们常常在一段亲密关系结束的时候获得了投入情感疗愈的动力。从二人世界到形单影只，那份痛苦和孤独会强烈促使一个人审视自身，反省内心。身处其中的人可能不觉得，但其实，新旧亲密关系之间的那段间隔可以使人受益匪浅。我鼓励你充分利用这个机会来重新调理爱的状态，而不局限于只求发展一段新的关系。

如果你最近刚从一段痛苦的关系中走出来，那么接下来最重要的一步简单明了，却未必好走：等待。如果不留出时间来理清思绪、治愈心灵，就一口气扎进新的恋情，那么几乎可以肯定，过往关系中的紊乱会一直纠缠着你。你应该花些时间，先爱上自己。我有个粗略的算法：看你上一段亲密关系持续了几年，每一年换算成一到两个月的间隔期。如果是三年，那么你就应等到三到六个月之后再考虑发展新的关系。这段时间可以独处，或者与支持你的亲友一起度过，直到那种不顾一切寻欢求爱的冲动消退——它一定会退去的。

在你能够怡然自得地独处之前，都不适合开始与另一人缱绻。

尤其要当心那些想把你从伤心中拯救出来的人。“拯救者”会情不自禁地贴近脆弱的人，因为后者会让他们产生被重视、被需要的感觉。问题在于，你一旦重新坚强起来，许多拯救者就会觉得身价骤跌，于是又反过来压制你。他们需要你内心虚弱，从而使自己觉得强大，所以如果别人不再能让你痛苦，他们就自己来。在你伤心的时候，若某人一心想令你“重获新生”，自然会显得魅力非凡，但这样的人常常耽误你的疗愈进程。在建立新的亲密关系时，请选择能支持你、信任你进行自愈的人，而不是试图“修复”你的人。

明察秋毫

人生一切遭际都有先行存在的“种子”。在准备出发寻求爱的时候，要辨认出一段亲密关系中所有潜在的模式，这一切在你们两人刚接触并交换着能量和信息的那一刻即开始了，并且始终在传递预兆。爱情有如魔咒，身处其中的你，自然倾向于只看对方合你心意的方面，而忽视不理想的方面。每个人都带有光明与阴暗的品质，而我们大都学得善于掩饰自身不愿被看到的特点。

然而，心可以洞见一切。在爱情的魔力下，每当你注意到恋人的某种不佳行为，你的思想都会竭力否认。他喝起酒来也没有那么凶。她对物质的东西不算太痴迷。我确信等我们正式交往后他就不会再跟别人暧昧不清。这些常见的自欺心态最终往往成了亲密关系的“绝症”。

人们自然会希望，在亲密关系初期感受到的那份激情能弥补将来可能出现的种种摩擦。人们有时确实会为了自己和他人的利益而改变行为，但当你注意到一种不合意的状况时，需要问自己一个重要问题：如果这种行为是改不掉的，我以后能容忍吗？如果你与某人进行更深交往的意愿，是基于你“以后可以纠正他（她）”的预期，那么请退回几步，三思。既然你已把疗愈的光明带入自心之中，就不需要靠与他人互补来达成完满，因为你知道，完满是你与生俱来的本态。

创造充满爱的关系

对于大多数人来说，对情感自由造成最大挑战的就是亲密关系。几乎每个人都愿意陪着生命中重要的人过安宁和谐的日子，却常常很难把这种意愿表达清楚。人们大多会把一段理想的亲密关系设想成：双方有着共同的利益、开放的沟通，能相互滋养，富于激情。许多人无法建立这种高度的情感连接，便认定自己需要加倍“用功”，才能创造出自己寻求的爱情。经常有人对我说，他们在寻求一段“认真的”亲密关系，但以我的经验，双方轻松自在地相处，通常更能带来幸福感和长久的生命力。

在现有的亲密关系中挣扎的人常会抱怨："我渐渐意识到我们是完全不同的两个人。"这是一个重要的认识，因为如果有情侣认为他们投契得可以不分彼此，最终很可能要失望。在成功的亲密关系中，双方首先要能接受：没有两个人拥有完全一致的需求、预期、信念或倾向。**在寻求交集的同时，应尊重彼此的性情差异，这是健康关系的基础。**

尽管并没有一道公式可以应用于一切亲密关系，但用心谨记几条关键原则，必有助于减少冲突、增进情意。它们具有普遍价值，除了亲密关系，还可用于指导友谊、事业关系、家庭和婚姻。

1）我的关系以平等为基础。

缺乏平等的亲密关系也许能维持下去，却永远不会健康红火。爱即是统一，当你能在对方身上看到自己、也在自己身上看到对方时，爱才会产生。你们虽在经济收入、教育背景、外在美或智商方面难免有差异，但**内心深处一定要坚守这样的信念：**我既不比你高贵也不比你卑下。我们是同一体性的不同表达形式，因此具有同等的价值。你大约听说过印度合十礼的问候语"那玛斯泰"，这句梵文的真义是"我的灵性感知到你的灵性，并深知二者为一"。在日常交流中，它传达的是一种开明的心态：你能够了解对方的观点，即便与自己的见解不合，你也同样认可其合理性。

2）我把我的关系作为映照自己的镜子。

如果一段关系中存在分歧，问问自己在冲突的发起中扮演了什么角色。在责怪对方做了什么或没做什么之前，检视自心，看你能否通过调整思路和言行来改变现状。如果你想求得更多关心，自己能否多关心对方？如果你想要更多亲昵，自己能否多亲近对方？如果你希望获得更多欣赏，自己能否不吝惜赞美？如果你想得到更多接受，自己能否更宽以待人？

比起改变别人，还是改变自己容易得多（当然这本身也颇有难度）。把他人当作自己的镜子，你便获得了通过改变自己来掌控生活的力量，而不必为无法改变别人而灰心丧气。此中玄机在于：当你转化了自身，你身边的世界一定会随之改变。

3）我的关系尚有变化的空间。

人生本来无常。一切都在不断地变化，包括我们的想法、感受和体内的分子。我们都在变化中寻求着某种恒常。我们常常被一段关系的安稳所吸引，但太多的安稳会种下冲突的种子。总能听见有人说“你不是我当初爱上的那个人了”或者“你跟我刚遇见你时完全两样了”。虽然这种话通常被作为谴责抛给对方，却也符合现实。每个人都会被变化的“河流”带走，而相处的双方未必会以同样的步调作同样的改变。而通向转变的那道门户只能从内心开启。

把改变作为生活的一部分来接受。生命的进化机制促使我们发挥创造力来适应改变。寻找恰当的方式来使你们的关系能够包容并享用人生路上不可避免的变化，同时努力把握自己的情感连接和坚持，超越人世的无常。

4）在我的关系中既往不咎。

人们在每一段亲密关系中都会经历冲突或波折，心里留下了怨恨、伤心或失望的残迹。这种过往争端的情感残余常被用作下一次争吵的武器——你上回干了这个！你早先没干那个！把过去扯进当下会使冲突升级，却极少能帮我们获取所需。要尽量坚持在处理当前问题的时候不“翻旧账”。一有分歧或争论就把旧的伤口揭开，对你们的疗愈、和解、转变都没有好处。定期练习自省，清理宿怨，让每一天在清爽的新气象中展开。

5）在我的关系中，我最在乎的是快乐，而不是谁占上风。

如果你陷入了一种计较输赢的心态，有些时候，你会体验到吵赢一场架时那稍纵即逝的快感，或者吵输时那短暂的失落和羞惭。然而，不论是输是赢都无法转化成爱。人们之所以争执，是因为各方都相信自己的观点才是对的——或者至少比另一种观点高明。极少有人会因为一场激烈争论而改变坚持已久的立场，恰恰相反，你越是感情激越地抒发己见，另一方就越有可能听不进去。

更明智的做法是放过显而易见的分歧，寻求共同点。人们一旦感到自己的观点被贬低，就会摆出防御姿态。试着向对方的立场靠近一小步，并请求得到程度近似的妥协。通过求同存异来化解冲突，发挥才智，找到能使双方都达成愿望的解决办法。

6）我用关怀、亲近和时间的力量来滋养我的关系。

生活中，得到我们关注的事物会成长得更好，因此，如果你希望一段关系健康发展，就必须甘心投入时间和精力来滋养它。我们在第九章讨论过，许多分歧和情感反应的出现，都是由于对关注和亲近的基本需要未被满足。一场关于爱人只顾工作不顾家的争吵，可以用充满爱意的拥抱和平心静气的对话来化解。即便只是关切地倾听，也有滋养二人关系的效果。这意味着要克制自己，等对方把意思表达完整，而且你已至少花了片刻来“消化”这信息之后，再作出回应。如果你不容对方说完就回应，就会造成两人抢着说话的局面（有时还会升级成吵嚷），却谁也听不进去。

我们还可以通过肢体语言来表达关注。片刻面对面的目光接触，表示“你值得我关注，你对我有价值”。关注的力量是不可低估的，它对于关系就好像肥料，无论施与的对象是婴儿、宠物、爱人还是朋友。作为医生，我一次又一次地见证了关注的疗愈力量。

亲昵的触摸

身体的亲近也能为亲密关系提供必要的营养。已有相关研究揭示了触摸的疗愈力，它对于人类的健康发育必不可少。早产儿如能常受抚摸，发育的速度会明显加快，可以更早脱离保育箱。被免疫缺陷病毒（HIV）感染的孩子如果常能得到拥抱，免疫水平会稳定下来。带着爱意的触摸能够使人全身释放出多种天然的镇痛、兴奋物质。

触摸是我们所拥有的最直接的联系方式，能弥合分离与统一之间的鸿沟。现代技术令我们即使远隔万里也能看见、听见彼此，却无法创造触摸带来的那份极其重要的连接感和满足感。身体的亲近会降低脑中纷乱思绪的“音量”，提升安全、舒适和放松之感。简而言之，带有爱意的触摸对人的身、心、灵魂都有益处，所以不要吝惜你的亲昵。

我们对某件事情的重视程度，通过我们愿意为之投入的时间量反映出来。为了使关系健康发展，就必须拨出时间给它们。我经过反复检验发现，对于摇摇欲坠的亲密关系，我所能提供的最有效的干预之一，就是建议当事情侣到外地共度一个周末。当他们能够重新感受到对方作为可爱之人的一面（而不仅仅是作为明确设置的角色，比如丈夫、妻子、伴侣），最初促成这段关系的那份激情往往会重新燃起。

7）在我的关系中，我有与对方沟通意愿、谈判得失的心理准备。

生命体之间建立的“关系”早在许多亿年前就发展起来了，因为它具有进化上的益处。亚原子微粒“决定”为了最大的利益而聚集起来组成原子；原子们觉得能从共用电子的安排中获益，于是组成了分子；单细胞生物做出了孤注一掷的大胆举动，组成了多细胞机体——正如我们下定决心建立一段关系。这举动源自对一种预期的信心：生活会因从“我”到“我们”的转变而更美好。

放弃“自治权”是有代价的。把你的关注集中于二人世界，意味着你将无法探索其他一些利益领域。也就是说，你在某些情况下可以获得更大的满足，而作为代价，你在另一些情况下会得不到完全的满足。你的谈判技能——协商你打算付出多少，并期望得到多少回报——决定着关系的成败。你越是能理性地识别和表达你的期望，就越有希望打造健康的、持续演进的情谊。如果你的情感付出没有产生足够好的回报，因而令内心发出不快的信号，就问问自己有什么需求没被满足；然后，以恰当的、能使得偿所愿的可能性最大化的方式，向对方说出你的需求。同时你也有责任听取对方的要求，并愿意探讨使双方都获益的办法。不论你想改善现有的关系还是打造一段新关系，上述大原则都是适用的。

爱是一种修行

培养自己的爱之品质——包括爱和被爱的能力——应是毕生的追求。你现在已拥有基本的技能，可以游刃有余地在爱中进退，但千万别以为自己是大师，因为人一生中会不断受到爱的挑战。

坚守爱的力量。别容许不良情感累积起来，变成心的枷锁，而要善用清理情感的技巧，着眼于你可以成为、理应成为的爱之化身。倾听心的智慧，让它引领你进入更高层次的爱之表达。

只要你有信念，你就能使之成真。无论你在长大过程中对自己的爱之能力产生过怎样的成见，你现在已经了悟：你有资格得到爱。任何有悖于此的信念都不正确，应从内心清除。美国思想家拉尔夫·瓦尔多·爱默生曾经写道："你的本质在我耳边发出如此大的呼声，以至于我听不见你的嘴在说什么。"此时，你已洞见自己的本质——裹着人类伪装的神性。因此，**爱就是你的精髓，是你终生不相离的舞伴。**

结语

为爱坚守

将欲望尽投于洪炉，
必只炼出两种精华：
爱而不辍，
心常喜乐。

——哈菲兹

找一张你年幼或年少时的照片，假想你看到的是另一个人——比如同事的儿孙或朋友的子侄。你看见了什么？你可能会赞同，眼前是一个天真可爱的新生命，饱含潜力，值得你无条件地爱。

然后对着镜子，凝视自己的眼睛。你能感受到这个美丽、富于潜力、理应得到无条件之爱的生命吗？你拥有此生的种种体验，其中有的开阔了你的心胸，有的变成了束缚。你此生做过的一些事带来了快乐，另一些造就了悲伤。通过这一切，你的灵魂见证着人生的绽放，提炼出点点滴滴的欢乐与爱，润泽着你柔软的心。

今天是新的一天。蕴含世间无穷可能性而生的你，有着使这一天充满爱与热诚的潜力。何不真诚尽兴地活？

我敬爱的导师斯瓦米·布拉马南达·萨拉斯沃蒂曾对弟子们说：

结语　为爱坚守

人身难得，是经过许多次转世轮回才能拥有的福分，不要浪费这个机会。生命的每一刻都宝贵。不要认为自己软弱、堕落。对于迄今为止所做的错事，要懂得那是无心之失。但现在，应该让自己的行为对得起真正的做人之道。如果你生而为人，却不去努力体悟自己的神性本质，就如同以砂石的价钱卖掉了金玉。

世界需要爱。带着一颗开朗的心，你就可以把爱的光向身边的所有人放射。记住，心中涌起的爱一点都不会白费。作为施与者，你尽可以沉浸在爱的喜悦中，要知道，每一个映照着你发出的爱之光的生命，都会因这接触而有所领悟。这是你的真心所处的状态，过去如此，以后也将如此。

不要让世俗的做人标准束缚了你的心。太阳不会以乌云为借口停止照耀，因为它知道乌云会来也会散。拥有充满爱的人生是你与生俱来的权利。今天就下定决心吧：把心打开，让你的爱流动。不论你有过怎样的往事，爱的潜力始终无尽无穷。请运用它吧，为了你自己，也为了这个宝贵的世界。